反习惯性违章学习材料

华安天宇　编著

中国环境科学出版社·北京

图书在版编目（CIP）数据

反习惯性违章学习材料／华安天宇编著．—北京：中国环境科学出版社，2012.5

ISBN 978-7-5111-0965-1

Ⅰ．①反… Ⅱ．①华… Ⅲ．①安全生产—技术培训—教材 Ⅳ．①X93

中国版本图书馆 CIP 数据核字（2012）第 065152 号

责任编辑：张维平

出版发行：中国环境科学出版社

（100062 北京东城区广渠门内大街 16 号）

网　　址：http：//www.cesp.com.cn

联系电话：010-67112765

发行热线：010-67125803

印　　刷：北京市联华印刷厂

经　　销：各地新华书店

版　　次：2012 年 5 月第 1 版

印　　次：2012 年 5 月第 1 次印刷

开　　本：880×1230　1/32

印　　张：4.5

字　　数：100 千字

定　　价：11.00 元

编　委　会

前　言

眼下，人身伤害、误操作事故发生，往往都是由违章作业引起的，人的不安全行为是主要原因。只有充分挖掘全员潜质，控制人的行为，才能有效预防事故发生。只有杜绝违章，才能确保企业安全生产。

反违章工作的目标是：杜绝习惯性违章、指挥性违章和管理性违章，通过查找定改逐步消除现存的影响人身和设备安全的装置性违章，努力实现“零违章”目标，以“零违章”保证“零事故”，最终实现“无违章企业”。

各级管理者当坚持树立和落实科学的安全管理观，及时转换脑筋，认真学习安全管理知识，在“以人为本”反违章活动中，要时刻抓住“人”这个因素，根据不同对象，采取有针对性的安全管理手段，控制职工行为，认真做好事故的预测预防。

在倡导“以人为本”、建设“和谐社会”的今天，每个人都应该用正确的眼光和理智的思维去看待和理解“反违章”，严格遵守并有效地使用它，将“反违章”措施当做监督和保护自己健康成长进步的护身符。只有这样，我们才能真正地做到“四不伤害”。

随着阅历的丰富和对安全文化的深刻理解，我们会真切感受到各级领导抓安全的良苦用心，不难做到“要我安全”到“我要安全”、“我会安全”的转变。

编委会

2012 年 3 月 28 日

目　录

第一章
习惯性违章的危害

- 什么是习惯性违章
- 表现形式扫描
- 特点与范围
- 心理，是偏离安全的根由
- 提倡“人人有责”

一、什么是习惯性违章

习惯性违章，就是指那些违反安全操作规程或有章不循，坚持、固守不良作业方式和工作习惯的行为。习惯性违章是一种长期沿袭下来的违章行为，它实质上是一种违反安全生产客观规律的盲目行为，或没有认识，或随心所欲，但都习以为常，习惯成自然。本章通过对习惯性违章的定义、表现形式及特点的阐述，揭示了它对安全生产所产生的危害。

二、表现形式扫描

习惯性违章的表现形式多种多样，但归纳起来大体有以下几种：

1. 习惯性违章操作

在操作设备时，有些操作人员养成了有章不循、随心所欲的习惯做法，对规定的操作程序、要领和安全注意事项置之不理，认为是大惊小怪，不需如此繁琐。因此，经常按照一些不良的（但自认为是正确的）或“传统”做法进行操作，致使险情频发，甚至导致事故。

2. 习惯性违章作业

是指违反安全操作规程、按照不良的工作习惯、随心所欲地进行作业。有些人认为，“只要不出问题无论采用什么样的工作方法都行”，这说明确实有人自觉不自觉地用自己习惯的工作方法，取代了安全工作规程中的有关规定，对正确的作业方式反而感到不习惯。

3. 习惯性违章指挥

是指工作负责人或有关部门的管理者在不太了解生产现场的

情况下，追求经济效益的思想作祟，没有充分地认识安全生产的重要性，违反安全操作规程要求，按照自己的意志或仅凭想象进行指挥。

三、特点与范围

（一）特点

1. 习惯性违章具有一定的顽固性

习惯性违章是由一定的心理定势支配的，并且是一种习惯性的动作方式，因而具有顽固性、多发性的特点，往往不容易纠正。只要支配习惯性违章行为的心理定势不改变，习惯性动作方式不纠正，习惯性违章行为就会反复发生，直到行为人受到事故的惩罚。

2. 习惯性违章具有一定的潜在性

一些习惯性违章行为往往不是行为者有意所为，而是习惯成自然的结果，而对习惯性违章行为，由于人们看得多了，习以为常，所以根本没把它当回事。“身在险中不知险”，容易使人对违章现象丧失警惕性。

3. 习惯性违章具有一定的传染性，它会危害几代人

据对现有的一些员工存在的习惯性违章行为分析，他们的一些不良习惯行为方式，不是他们自己“发明的”，而是从老员工身上“学来的”。看到老员工违章操作“既省力，又没出事”，自己也盲目地效仿，而且又用自己的习惯性行为方式去影响新一代员工。这些不良的习惯性行为方式如不彻底根治，必然导致一脉相承、代代相传。

4. 习惯性违章具有一定的排他性

有些习惯性违章的工人，对安全规程根本学不进，不遵守，总以为自己的习惯性方式“管用”，而安全规程是“可有可无的东西”。其结果必然严重地妨碍安全规程的贯彻执行。

从这些特点我们能够看出，习惯性违章与事故之间已经构成了因果关系，换句话说，习惯性违章是造成事故的一大根源，一些事故是习惯性违章的必然结果。习惯性违章危害极大，既有害于国家和企业，也有害于员工个人和家庭。因此，习惯性违章一经发现，就必须坚决纠正。

（二）现场违章作业的表现范围

（1）设备传动部分防护罩（栏）缺损或未关好便开车操作；

（2）检修带电设备时在配电开关处不断电、不挂警示牌；

（3）进入机械设备内检修运转部件，不设人监护或采取断开动力源措施；

（4）任意开动非本工种设备；

（5）特种作业非持证者独立进行操作；

（6）超限（载荷、速度、压力、温度、期限）使用设备；

（7）非特种作业者从事特种作业；

（8）设备上有安全装置，而开车操作时不用；

（9）开动被查封设备；

（10）危险作业无人监护或未经安技部门批准；

（11）任意拆除设备上的安全、照明、信号、防火、防爆装置和警示标志、显示仪表；

（12）使用未经审批的临时电源线或使用时不挂临时线牌；

（13）检修高压线路或电器，不停电、不验电、不跨接地线；

（14）使用非安全电压灯具作行灯；

（15）带负荷运行时断开车间（或回路）配电闸刀或总开关；

（16）潮湿地面、容器内或金属构架内使用非双重绝缘的电动工具工作；

（17）容器内作业时不使用通风设备，高处作业时往地面任意扔物件；

（18）违反起重“十不吊”；

（19）开动无卷扬限位的起重设备工作；

（20）货梯载人运行；

（21）非岗位人员任意在危险、要害、动力站房区域内逗留；

（22）焊割未经完全清洗和充分通风的盛装过易燃、易爆物品的封闭容器和管道；

（23）在地面积（渗）水区内倒装、运送、浇注炽热金属液；

（24）禁火区抽烟或动火；

（25）物件堆放超高、不稳固就结束工作；

（26）开动情况不明的电源或动力开关、闸、阀；

（27）其他违反操作规程中相应条款、直接导致重伤以上事故或爆炸、火灾、倒塌、中毒事故发生的行为；

（28）留有过颈根以下长发、披发或发辫，而不戴工作帽或戴帽子不将头发置于帽内进入生产区域；

（29）高处作业或在高处作业、机械化运输设备下面工作而不戴安全帽；

（30）穿高跟鞋；

（31）高处作业穿硬底鞋；

（32）电气作业不穿绝缘鞋；

（33）带电作业（检修）或使用双重绝缘电动工具在潮湿地区或在容器内、构架内工作而不戴手套操作；

（34）旋转机床切削时戴手套操作；

（35）带电拉高压跌落保险时使用合格绝缘棒和绝缘手套；

（36）高处作业位置在非固定支撑面上，或在牢固支撑面边缘处以及支撑面外和坡度大于45°的斜支撑面上工作而不使用安全带或吊笼；

（37）浇注炽热金属液不穿鞋盖或赤膊穿背心；

（38）铸造、锻造作业赤膊穿背心，操作旋转机床设备或进行检修试车时散开衣襟、戴围巾、头巾或穿裙子、系领带操作；

（39）加工过程有颗粒物件飞溅的场合不戴防护眼镜；

（40）在易燃、易爆、明火、高温作业场所穿化纤服装操作；

（41）其他违反防护用品使用规定、有直接造成重伤以上或燃烧、爆炸、伤人事故可能的行为。

四、心理，是偏离安全的根由

在安全生产中，习惯性违章确是一个顽疾，在日常工作中，很多人习以为常，一些被熟视无睹的“习惯性违章”，正是安全生产的“定时炸弹”，应引起人们的高度重视。

其实，大多数情况下，人们也知道习惯性违章不妥，但有的为了省事，明知故犯；有人抱着“是福不是祸，是祸躲不过”或是“生死有命，富贵在天”的宿命心理，自以为曾经有那么多次习惯性违章都平安无事，竟心存侥幸地想大胆“冒险”再来一次；还有人抱着“大家都这么干的，一人不拗众”的盲从心理等。这说明，安全的敌人正是我们自己。

习惯性违章者一次无事，二次无事，久而久之，就会传染他人，扩大习惯性违章的影响范围。而习惯性违章是潜在的，稍不留意，稍有闪失，事故就可能出现。事故一出现，必将伤害自己，伤害他人。所以说，习惯性违章的危害是巨大的。因为，习惯性违章行为已在实施者脑子里先入为主，占据了人们的思想意识。如果我们自己不用理智去克服，靠别人教育是很难听进去的，至少效果不好，具有排他性。

总之，习惯几乎可以拴住一切，只是不能拴住偶然。因此，为了安全，为了健康，我们每个人都要善于为自己敲响警钟，严格自律，不断规范和约束自己的言行，用理智克服任性，用科学代替蛮干，为自己铺平安全健康之路。

五、提倡“人人有责”

纠正并预防习惯性违章人人有责，不存在“局外人”或“旁观者”。防止习惯性违章，消除诱发事故的温床，关系到整个企业的安全生产，也关系到每个员工的切身利益。我们每个员工都应把预防习惯性违章当成大事，同心同德地抓好反习惯性违章工作。反习惯性违章是每个员工义不容辞的责任。对习惯性违章行为，每个员工都有权监督、有权制止。看见习惯性违章行为不劝说、不制止，本身就是一种习惯性违章做法。企业与员工“一损俱损，一荣俱荣”，广大员工要以主人翁的姿态积极预防习惯性违章，维护企业安全生产的大局。

第二章
活用案例，返照自身

· 分析内因，改变观念

· 分析外因，改变环境

· 挥别屡禁不止，走向安全大道

· 预防为主，老生常谈有新意

· 给你纠正的偏方

· 坚持是安全的信仰

上一章我们讲到了习惯性违章的表现，要求广大员工共同努力反违章。本章则重点阐释导致习惯性违章的原因，使企业和员工能够“对症下药”，从根本上消除诱发事故的安全隐患。

一、分析内因，改变观念

人的行为是人内在心理的反映，违章的行为来源于违章的心理。人的习惯性违章、违纪行为是受以下三个因素影响的：

1. 行为者对违章行为追求的程度

即行为者对行为后果的期望程度体现为行为者对行为后果价值的判断。行为后果对行为者的价值越大，行为的动机就越强烈。行为者违章时存在有以下违章心理：

（1）侥幸心理。作业人员在工作过程中，有时存在侥幸心理。认为在现场工作时，严格按照规章制度执行太过于繁琐或机械，未严格按照规章制度或执行没有完全到位，不是违章行为。况且认为即使偶尔出现一些违章行为也不会造成事故。

【事故案例】

山西省太原某焦化厂皮带运输机伤害事故

6月14日，山西省太原某焦化厂发生了一起皮带机伤害事故，导致1名操作工死亡。

【事故经过】

6月14日15时，某厂备煤车间3号皮带输送机岗位操作工郝某从操作室进入3号皮带输送机进行交接班前检查清理，约15时10分，捅煤工刘某发现3号皮带断煤，于是到受煤斗处检查，捅煤后发现皮带机皮带跑偏，就地调整无效，即向3号皮带机尾轮部位走去，离机尾5~6 m处，看到有折断的铁锹把在尾轮北

侧，未见郝某本人，意识到情况严重，随即将皮带机停下，并报告有关人员。有关人员到现场后，发现郝某面朝下趴在3号皮带机尾轮下，头部伤势严重，立即将其送医院，经抢救无效死亡。

经现场勘察，皮带向南跑偏150 mm，尾轮北部无沾煤，南部有大约10 mm厚的沾煤，铁锹在机尾北侧断为3截，人头朝东略偏南，脚朝西略偏北，趴在皮带机尾轮下方，距头部约200 mm处有血迹，手套、帽子掉落在皮带下。

从现场勘察情况推断，郝某是在清理皮带机尾上沾煤时，铁锹被运行中的皮带卷住，又被皮带甩出，碰到机尾附近硬物折断，郝某本人未迅速将铁锹脱手，被惯性推向前，头部撞击硬物后致死的。

【事故原因】

事故发生后，当地有关部门组成调查组对事故进行了分析，认为：

① 操作工郝某在未停车的情况下处理机尾轮沾煤，违反了该厂“运行中的机器设备不许擦拭、检修或进行故障处理”的规定，是导致本起事故的直接原因；

② 皮带机没有紧急停车装置，在机尾没有防护栏杆，是造成这起事故的重要原因；

③ 该厂安全管理不到位，对员工安全教育不够，安全防护设施不完善，是造成这起事故的原因之一。

（2）取巧心理。一些工作人员贪图方便、怕辛苦，往往会出现不按规程制度执行，擅自将几项操作内容合并操作或未做好安全措施就开工的现象，以及未使用相应的工作器具和安全用具就工作的违章行为。

【事故案例】

卸酸不穿戴防护用品　遇险受伤

【事故经过】

2000 年夏，安徽省某铁路货运场，3 名装卸工卸危险化学品硫酸。按正常程序，他们先将槽车的上出料管与输送管法兰连接好，对槽内加压。当压力达到要求后硫酸仍没流出，随后采取放气减压打开槽口大盖，进行检查，发现槽内出料管堵塞。于是 3 人将法兰拆开，用钢管插入出料管进行疏通。当出料管被捣通时管内喷出白色泡沫状液体，高达 3 m 多，溅到站在槽上的 3 人身上和面部。由于 3 人均没戴防护面罩，当时 3 人眼前一片漆黑，眼睛疼痛难忍，经用水清洗后送往医院，检查为碱伤害。经半年多的治疗，3 人视力均低于 0.2，且泪腺受损。

【事故原因】

经调查了解，该硫酸槽之前用于盛装液碱，此次装硫酸前经过清洗。分析认为，该槽上出料管没有清洗到位，附着干枯的液碱堵塞在出料管下部，当被疏通后由于硫酸压力作用，使碱、反应盐水、酸等先后喷出。

此事故一方面原因是槽车清洗不到位，另一方面原因是卸酸工未按规定穿戴防护面罩。遇此险情，得不到防护。

【防范措施】

事故发生后，货场组织有关部门进行了调查、分析，落实伤员的治疗，分清责任，并对员工进行教育，开展安全宣传活动。

（3）逐利心理。企业制定奖勤罚懒制度是为了提高劳动生产率，但是个别作业人员（特别是在计件、计量工作中）为了追求高额计件工资、高额奖金以及自我表现欲望等原因，将操作程序

或规章制度抛在脑后，盲目加快操作进度，而不是科学地改进操作程序。

【事故案例】

违章蛮干脚踝被夹

【事故经过】

某冶炼厂给料系统由一台皮带输送机送料，经腭式破碎机破碎后进入下一工序。一日夜班（零点至早上八点），员工王某在此岗位负责操作，由于当班所破碎的原料大块的较多，破碎机难以吃进，遇到大块的矿石必须停机将矿石取出，人工用大锤先将其砸成小块。按正常给料时的操作完成当班生产任务只要五个多小时，而这次到距离下班时间还有两小时时才完成当班工作任务的60%左右。凌晨六时左右，一块大料进入破碎机，操作人员王某看到破碎机只是在不停空转，矿石没有下去，便将皮带输送机停下，径直走到破碎机进料口，左脚踩在操作台边缘，右脚使劲往破碎机进料口踩矿石。石块终于被挤压进去，但由于王某用力过猛，右脚也进入了破碎机，脚踝以下全部夹碎。

【事故原因】

① 直接原因

王某违章操作。为了尽快完成当班生产任务，急于求成。按照该厂破碎机操作规程规定，破碎机被料卡住时，必须停机处理。而王某未采取停机处理措施，而是用脚踩大块矿石，从而导致此次事故发生。

② 间接原因

a. 该厂安全管理松懈。王某未按规定穿劳保鞋上班，当班班长发现这一情况也未加制止。

b. 员工安全意识薄弱。本次事故中王某如果多一点自我保护意识，完全可以避免此次事故的发生。

c. 重生产不重安全也是导致本次事故发生的原因之一。

③ 责任认定

该厂安全主管部门通过对事故现场及作业环境进行调查分析，认定这是一起人为责任事故。王某为事故主要责任人，当班班长由于疏于管理也对此次事故负有不可推卸的责任。该厂对两名责任人进行了处理：王某已经构成重伤，不再做经济处罚，待康复后停工反省30天，并写书面保证。当班班长则给予免职处理。

【防范措施】

① 加强安全知识的培训教育，增强员工的安全意识，提高员工的安全技能和自我保护能力。

② 加大生产现场安全检查力度，杜绝违章作业、违章指挥。

（4）偷懒心理。个别员工有懒惰心理，不认真学习专业知识和操作技能，在工作中不认真履行自己的职责，导致少了一道监督关口。

【事故案例】

抱省事心理违章作业　不幸挤压身亡

2001 年 1 月 28 日，四川省某磷矿化工厂磷铵车间磷酸工段化工一班操作工王某，在检查磷酸工段盘式过滤机辅料情况时，发生盘式过滤机翻盘叉及翻盘滚轮、导轨立柱、导轨挤压、辗压伤害事故，致王某左腰部、后背部挤压伤、双腿大腿开放性、粉碎性骨折，经抢救无效死亡。

【事故经过】

2001 年 1 月 28 日 0 时 30 分，磷铵车间化工一班值班长陈某、班长秦某、尹某、王某等人值夜班，交接班后，各自到岗位上班。陈某、秦某两人工作职责之一包括到磷酸工段巡查，尹某系盘式过滤机岗位操作工，王某系磷酸工段中控岗位操作工，其职责包括对过滤机进行巡查。5 时 30 分，厂调度室通知工业用水紧张，磷酸工段因缺水停车。7 时 40 分，陈某、尹某、王某 3 人在磷酸工段三楼（事发地楼层）疏通盘式过滤机冲盘水管，处理完毕后，7 时 45 分左右系统正式开车，陈某离开三楼去其他岗位巡查，尹某在调冲水量及角度后到絮凝剂加料平台（距二楼楼面高差 3 m）观察絮凝剂流量大小，尹某当时看到王某在三楼过滤机热水桶位置处。经过一分多钟，尹某突然听见过滤机处发生惨烈的叫声，急忙跑下平台楼到操作室关掉过滤机主机电源，然后跑出操作室看见王某倒挂在过滤机导轨上。尹某急忙呼叫值班长陈某和几个工人，一齐紧急施救。当时现场情况是：王某双手在轨外倒垂，双脚在导轨（固定设施）和平台（转动设备，已停机）之间的空当（200 mm）内下垂，大腿卡在翻盘叉（随平台转动设备）与导轨之间，已明显骨折。施救人员迅速倒转过滤机后将王某拽出，并抬到磷酸中控室（二楼），经紧急现场抢救终因伤势过重于8时25分死亡。

【事故原因】

经事故调查小组多次现场考证、比较、分析，一致认为致伤原因如下：

① 死者王某自身违章作业是导致事故发生的主要直接原因。一是王某上班时间劳保穿戴不规范，纽扣未扣上，致使在观察过程中被翻盘滚轮辗住难以脱身；二是王某在观察铺料情况时违反操作规程，未到操作平台上观察，而是图省事到导轨和导轨主柱侧危险区域，致使伤害事故发生。

② 王某处理危险情况经验不足，精神紧张是导致事故发生的又一原因。当危险出现后，据平台运行速度和事后分析看，王某有充分的时间和办法脱险。但王某安全技能较差，自我防范能力不强。

③ 车间安全教育力度不够，实效性不强，是事故发生的又一原因。王某虽然参加了三级安全教育，且现场有规章、有标语，但出现危险情况后，针对性、适用性不够，说明车间安全教育力度、深度和实效性不高，有待加强。

④ 执行规章制度不严是事故发生的又一原因。通过王某劳保用品穿戴和进入危险区域作业可以看出，虽然现场挂有操作规程，但当班人员对王某的行为未及时纠正，说明员工在“别人的安全我有责”和安全执规、执法上还有死角，应当引以为戒。

【防范措施】

① 加大安全教育力度，注重针对性，加强实效性，特别是第二、三级安全教育要讲个性，讲个体，讲个案，不留死角，不留

隐患，做到安全知识和技能人人理解，人人掌握。

② 加大安全工作的执规、执法力度，切实做到“我的安全我负责，别人的安全我有责”，相互监督，相互关心。

③ 对事发地点盘式过滤机周围增设一圈防护栏，并悬挂安全警示牌。

④ 加强节假日的安全工作管理，教育员工认真做到劳逸结合，有张有弛，警钟长鸣。

⑤ 加强安全管理，认真扎实地落实安全工作严、实、细、快的工作作风。勤查隐患，狠抓整改，防患于未然。

2. 行为者对自己行为能力过高估计

行为者的个人能力越强，技术越好，经验越丰富，则自认为行为成功的把握就越大，行为动机就越强烈，就是人常说的“技高人胆大”，往往将规章制度抛在脑后。

（1）逞能心理。作业人员在生产现场工作时，不是凭借安全生产工作规程而是靠想当然、自以为是地盲目操作。还有部分作业人员自恃技术高人一等，按规定，作业前应到现场核实设备，但是自恃自己熟悉现场设备系统图，逞能蛮干，往往出现违章操作、误操作或误调度，造成事故。

【事故案例】

未停车调机器　手指被绞伤

【事故经过】

6月15日，某厂车工刘某与郭某谈起零件加工任务，抱怨自己的机床太陈旧，离合器不灵便，停车位稍有偏差主轴便会反转，跟维修工说了几次也没调合适。郭某听了之后说“这有什么呀，我给你调。”刘某半信半疑。郭一只手拿螺丝刀拨压弹簧，另一只手拧可调瓦螺帽。突然主轴飞转，将郭两手多指绞成粉碎性骨折。

【事故原因】

郭某自恃是老师傅，懂机床结构，违章在不停车（马达工作）情况下冒险在离合器停止位置调整螺帽。因身体紧靠床头箱，腿不小心碰到床体前离合器操纵杆，致使主轴瞬间转动，郭某两手被齿轮绞伤。

【防范措施】

① 检修机床必须在撤掉电源箱、刀闸在停机状态下方可进行，严禁开机时调整传动箱机件。

② 处理故障的维修应报由检修人员进行。

③ 教育员工严格遵守机床安全操作规程，杜绝习惯性违章行为。

（2）帮忙心理。在生产现场工作中，往往会出现一些意想不到的事情，例如开关推不到位、刀闸拉不动等现象，操作者常常请同事帮忙，帮忙者碍于情面或表现欲望而不会拒绝，但是在不了解设备情况下，如果盲目帮忙操作，极易造成事故。

【事故案例】

擅自上机操作　伤害自己

【事故经过】

2000年11月28日，河南省某化肥厂机修车间，1号Z 35摇臂钻床因全厂设备检修，加工备件较多，工作量大，人员又少，工段长派女青工宋某到钻床协助主操作工在不锈钢管上钻孔。28日10时许，宋某在主操师傅上厕所的情况下，独自开床，并由手动进刀改用自动进刀，钢管是半圆弧形，切削角矩力大，产生反向上冲力，由于工具夹（虎钳）紧固钢管不牢，当孔钻到2/3时，钢管迅速向上移动而脱离虎钳，造成钻头和钢管一起做360°高速转动，钢管先将现场一长靠背椅打翻，再打击宋某臀部并使其跌倒，宋某头部被撞伤破裂出血，缝合5针，骨盆严重损伤。

【事故原因】

事故发生后，厂领导高度重视，将事故责任者送医院进行治疗，厂安委会组织安环处、劳资处、机修车间，成立事故调查小组，对现场工作环境进行查看，召开事故分析会，查清事故责任、原因。

① 造成事故的主要原因是宋某违反了原化学工业部安全生产《禁令》第八项“不是自己分管的设备、工具不擅自动用”的规定。因为直接从事生产劳动的员工，都要使用设备和工具作为劳动的手段，设备、工具在使用过程中本身和环境条件都可能发生变化，不分管或不在自己分管时间内，可能对设备性能变化不清楚，擅自动用极易导致事故。

② 宋某参加工作时间较短，缺乏钻床工作经验，对钻床安全操作规程不熟：a.“应用手动进刀，不该改用自动进刀”；b. 工件与钢管紧固螺栓方位不对，工件未将钢管夹紧；c. 宋某工作中安全观念淡薄，自我防范意识不强。

【防范措施】

① 本着对事故“四不放过”的原则，进行事故案例现场教育。

② 钻床操作人员必须经过专业技能安全培训，掌握一定操作技能，并通过安全考试，持有特种工《安全作业证》才能上机操作。

③ 工件与工具夹应用扳手或专用工具紧固牢，严格按照钻床安全操作规程办事，切莫只对表面操作程序简单了解就上机操作。

④ 工段长在派人更换岗位工种时，首先交代本岗安全操作注意事项，特别是参加工作较短的青工。

（3）冒险心理。在生产过程中，可能会出现生产现场的条件较为恶劣的情况，如果严格按有关规程制度执行确实有困难，作业人员不是针对实际情况，采取必要的安全措施，而是冒险去工作。

【事故案例】

违章指挥卸钢管　当场砸死卸车人

6 月 12 日，某发电厂因违章卸车致使一人死亡。

【事故经过】

6 月 12 日，某发电厂建安公司在灰场改造施工过程中，需由厂车队将厂内 11 根钢管运至厂外周源灰场工地。

6 月 12 日 8 点上班，将厂内每根约长 9 m、重 550 kg 的钢管 11 根，分别装在东风 50－06361 号及 50－D6365 号车上，运到周源灰场工地。

建安公司领导张某及其他 9 人先后到达施工现场准备卸车。50－D6365 号车利用现场地势坡度和管子后滑的作用，松开固定钢丝绳后，车向前开，利用管子后滑的惯性将管子一次全部卸了下来。50－D6361 号车也想采用同样的办法卸车，由于该车所处位置路基较软且有弯道，在倒车时车身向左侧倾斜，车上 6 根钢管整体向左侧移动了约 40 cm，司机怕管子落下时撞坏车身或发生翻车，不同意再采取同样办法卸车。后由司机白某某和张某指挥将车倒至坝基上，车身恢复平稳，司机邵某某提出用绳子向下拉，并提供麻绳一根，由于麻绳被拉断而没有实施成。又改用人力一根一根往下撬，解掉固定绳后，张某、赵某和民工党某先后上了车，三人同时准备用小撬杠撬管子，张某一脚踩在驾驶室顶上，一脚踩在由左向右的第五、六根管子上，民工党某在车中间，赵某在车尾部，车下有人用一根长约 4 m、直径约 50 mm 的木杠插入管子尾部准备同时用力，赵某和党某站在第五、六根管子上。12 时 05 分大家同时用力撬上边第一根管子，结果使第一、第二根管子先后落地，紧接着其余四根管子全部向左侧滚动。党某发现情况不对，随即翻身跳出车厢，赵某因身体重心失去平衡而随第五根管子掉入车下，被紧接着滚落下的第六根管子砸伤腰部。立即将赵某用汽车送往韩城市医院（时间为 12 时 15 分）抢救，至 15 时 30 分呼吸、心跳停止而死亡。医院诊断为：创伤性失血性休克，抢救无效死亡。

【事故原因】

① 没有明确的卸车方案。本次卸车作业中，既没有编制《起吊方案》及《安全技术组织措施》，而且参加作业的 10 人当中，没有一名起重工，安全、技术措施都没有保证，缺乏起码的起重装卸常识。

② 现场卸车中形成的实际指挥人张某不胜任指挥工作，违章

指挥，导致了本次事故的发生。

【防范措施】

具有高、大、长、重特点的物件装卸前，应编制专项《起吊方案》及《安全技术组织措施》，在起吊方案中应规定由能胜任此项工作的起重工担任起吊指挥，全权负责起吊工作。

（4）麻痹心理。麻痹大意是造成事故的主要心理因素之一。行为上表现为马马虎虎，大大咧咧，口是心非，盲目自信。①盲目相信自己的以往经验，认为技术过硬，保准出不了问题（以老工人居多）。②认为“违章”是以往成功经验或习惯的强化，多次做也没问题。

【事故案例】

旋转作业戴手套，违反规定手指掉

不同的工种都有不同的工作服装。在生产工作场所，我们不能像在平时休息那样，穿自己喜欢穿的服装。工作服装不仅仅是一个企业员工的精神面貌，更重要的它还有保护你的生命安全和健康的作用。忽视它的作用，从某种意义上来讲，也就是忽视了你自己的生命。有时操作人员习惯了戴手套作业，即使在操作旋转机械时，也不会想到这样不对，但是操作旋转机械最忌戴手套。因为戴手套而引发的伤害事故是非常多的，下面就是一例。

2002年4月23日，陕西一煤机厂员工小吴正在摇臂钻床上进行钻孔作业。测量零件时，小吴没有关停钻床，只是把摇臂推到一边，就戴着手套去搬动工件，这时，飞速旋转的钻头猛地绞住了小吴的手套，强大的力量拽着小吴的手臂往钻头上缠绕。小吴一边喊叫，一边拼命挣扎，等其他工友听到喊声关掉钻床，小吴的手套、工作服已被撕烂，右手小拇指也被绞断。

从上面的例子可以看到，在旋转机械附近，我们身上的衣服等物一定要收拾利索。如要扣紧袖口，不要戴围巾等，上海某纺织厂就曾经发生过一起这样的事故。一名挡车女工没有遵守厂里的规定，把头巾围到领子里上岗作业，当她接线时，纱巾的末端嵌入梳毛机轴承细缝里，纱巾被绞住，该女工的脖子被猛地勒在纺纱机上，虽立即停机，但该女工还是失去了宝贵的生命。所以我们在操作旋转机械时一定要做到工作服的“三紧”，即袖口紧、下摆紧、裤脚紧；不要戴手套、围巾；女工的发辫更要盘在工作帽内，不能露出帽外。

（5）无所谓心理。表现为对遵章或违章心不在焉，满不在乎。①本人根本没意识到危险的存在，认为章程是领导用来卡人的。②对安全问题谈起来重要，干起来次要，比起来不要，不把安全规定放眼里。③认为违章是必要的，不违章就干不成活。

【事故案例】

一起钢丝绳夹手的重伤事故

2005 年 7 月 21 日，某公司动力分厂机修班在检修吊车过程中，由于配合不当，造成一员工被吊车钢丝绳夹伤右手指的重伤事故。

【事故经过】

7 月 21 日 14 时，动力厂机修班班长李某安排机修工卜某、王某到动力厂煤渣场维修断裂的 7 号吊车升降钢丝绳。煤场起重装卸机械工黄某配合卜、王两人工作。经检查确认安全措施落实后，卜、王两人开始维修。14 时 50 分左右，卜、王两人装好钢丝绳，随后调节滚筒钢丝绳排列和平衡杆。卜某站在吊车对面观察，在黄某点动吊车调节滚筒钢丝绳排列和平衡杆的过程中，王某突然用手去调整钢丝绳，被钢丝绳夹中右手手指（包括小指、无名指、中指、食指)，后被急送往医院做手术，小指被截肢两节致重伤。

【事故原因】

① 直接原因

王某违章作业戴手套，机器在运转过程中，用手代替工具调整钢丝绳。

② 间接原因

a. 卜某作为现场安全监护人，对现场工作缺乏检查，监护不力；

b. 检修作业过程参与人员联系、协调、配合不到位；

c. 班组安全教育、培训不足。

【防范措施】

① 在安全技术整改措施方面，应设置可以线控操作吊车的装置，使人可以在地面上操作吊车，避免操作吊车时司机视线无法达到抓斗部分区域。

② 加强安全管理措施

a. 进一步细化检修作业的安全操作规程和检修作业的安全技术防范措施。班组安排作业任务时，要严格落实安全措施。

b. 要落实好厂级、车间级、班组级等各级各类人员的岗位安全责任，各级各类人员要履行好自己的安全职责，做到“安全事事有人管，安全时时有人管”。

c. 加强对员工的安全教育培训，使员工自觉遵守安全操作规程。

3. 周围人对个体的影响

任何违章行为者都不是孤立存在的，都是与集体或班组紧密相连的，这种外界因素对行为者的直接或间接的影响是巨大的。

(1) 从众心理。当一个班组的班长或技术负责人违章，或者

看见大家以前都是这样干的，没有出现过问题，自己这样做也应没有问题，于是大家就会对违章违纪习以为常，这样会对班组其他同志起到潜移默化的作用，即看见别人能违章违纪没出事，自己常常也跟着别人违章违纪。

【事故案例】

隧道中隐藏的危机

一条海底隧道长达七十公里，在隧道中架设了监控系统，两端安装了大屏幕电子报警器，一旦隧道中有故障，两端的汽车司机看见屏幕上的警报，就不会进入隧道里。

某一天，该隧道中段发生大火，监控系统立即报警，两端的大屏幕红灯闪烁，显示隧道内发生火灾，严禁汽车进入。前面的汽车停下了，后面的汽车立刻排起了长龙。已经等了半个小时了，连轻烟和火苗都没有，更没有消防车呼啸而至，一点火灾的

影子也没有。有可能是监控系统出了故障，发生误报，进去看看吧。于是，这边的一辆汽车探头探脑地开进隧道口，接着，后面的也跟着开进隧道。几乎同时，那边隧道口也发生了同样的情况。

结果是可想而知的。当前面的汽车发现情况不妙时，后面的汽车拥堵严重，根本没法后撤。盛满汽油的大小汽车连续发生爆炸，通风管失效后毒气迅速沿着隧道扩散，被烧死、毒死七十多人。

在安全生产中，一旦生产现场有人违章作业，又没有得到及时制止和处罚，周围其他的人员就有可能跟着干，从而产生“大家都是这么干的，都没出什么事，我也这样干，应该也不会出事”的心理暗示。如果这种思想和心理长时间得不到纠正，就有可能发生群体违章或群体伤害。

要消除安全生产中的“从众心理”，最根本的就是要强化安全教育，教育和引导员工牢固树立“安全第一”的思想，不断提高作业人员的安全意识和技能；加强生产现场的安全管理，抓薄弱环节，对重点人员重点管控，从源头上扼制违章行为；对违章者处以重罚，使违章者及有关人员都有切肤之痛，把教训牢牢记心中，变从“违章”之众为从“遵章”之众。

（2）盲从心理。在企业中，一般都是师傅带徒弟，在传授知识经验过程中，师傅会自觉不自觉地将一些习惯性违章行为也传授给徒弟，然而徒弟如果不加辨识，全盘接受，不仅成为习惯性违章行为的传播者，同时极可能成为因违章造成事故的责任者或受害者。

【事故案例】

未告知下道轨检修　盲从开车挤死人

【事故经过】

某厂金工车间维修工赵某、林某某日对吊车进行故障检查。赵某告诉林某自己到道轨去检查，沿着道轨一个一个查看螺钉压板。林某在平台上看着赵某，过了一段时间，便到另一侧查看大车减速机。赵查到尽头，发现安装在道轨头的缓冲挡板的槽钢底座螺丝已松动，便进行紧固修理。这时司机刘某见徒弟丁某上来，便告诉丁某自己下去喝点水，交代了天车平台上两人检查大车的行进情况后便离开驾驶室下去。过了一会，林某去了看不见赵某的另一侧检查连轴器，想看看运行中大车连轴器的情况便喊司机开大车试车，忘记了赵某还在轨道上，丁某也不知轨道上有人，一直将天车开向东头，当背对吊车蹲在道轨东头的赵某听到吊车驶近声时已躲闪不及，被缓冲头挤死。

【事故原因】

这是一起因违章误操作而造成的恶性死亡事故。检修工由天车平台下到高空道轨上检修作业未告知司机，而司机刘某离开时未向徒弟丁某交代清楚上面作业情况，丁某在未做核实和认真观察吊车行进安全情况下盲从错误指令误操作开车挤死人是事故的直接原因和重要原因。赵某在下到道轨后，林某作为监护人不仅擅离监护岗位，而且忘记道轨上有人，违章指挥开车，对这次恶性事故负有主要责任。

【防范措施】

① 严格遵守吊车安全操作规定，每项操作前司机必须在确认吊车行进上下左右处于安全状态的情况下方可操作。

② 吊车的检修和维修应与吊车司机协调配合，下到道轨横梁及上平台这种特殊环境的检修作业要严格执行危险预控的安全措

施，设专人监护。

（3）好奇心理。生产工作过程中，当操作一些新设备、新装备时，出于好奇心理（或是一种求知欲望），作业人员往往会自己动手实践一番，由于行为者对设备情况不熟悉、不了解，在这种情况下，极容易发生意外事故。

【事故案例】

“好奇心”酿祸端　事故现场再撞车

伴车如伴虎，司机师傅都知道，开车需要精力十二分集中，但刘某偏不以为然，开车、看热闹两不误，结果因为对路边的交通事故现场“过分投入”，而将别人的摩托车撞倒。

7 月 22 日，××派出所接到报警称，在稻田镇羊田路与纪田路十字路口北 20 m 处，发生一起交通事故，要求出警。接警后，民警马某立即带队赶到了现场，并迅速指挥利用警戒带将现场隔离，保护好现场。由于没有造成人员伤亡，马某将情况向指挥中心做了汇报。

正当民警边稳定双方当事人情绪边焦急地等候交警前来处理的时候，突然身后“咣当”一声，在现场南侧十字路口，一辆自北向南行驶的银灰色单排四轮农用车将一红色125型两轮摩托车撞飞。

肇事司机刘某，事发当时驾驶农用车自北而南沿羊田路行驶，当看到路边有交通事故发生后，一向好奇心强的他一时间忘记了自己也是“开车的”，忙透过车玻璃“看热闹”，结果到了十字路口也没减速，还没等他看出个所以然来，那辆红色的125型摩托车就被他撞飞出去十多米。所幸摩托车驾驶员陈某只是多处擦伤，并无生命危险。

员工习惯性违章造成事故的主要原因是行为者的内因，即违章者的主观意识是决定性的。行为者之所以违章在于行为者过高地看重行为后果的价值，又过低地估计自己失败的可能性，形成了行为风险估量的错误，最后走上冒险违章违纪的道路。但是每次违章违纪并不是必定会发生事故，这就给人造成一种错觉，好像事故是偶然的，违章违纪并没什么危险，出现事故主要是自己的运气不好，这种观点在事故分析中常常听到。其实不然，统计表明，对于事故不管有这样那样的客观原因，实际上都直接或间接地与违章违纪相关，这就是违章违纪与事故的必然性及规律性联系。

二、分析外因，改变环境

前面着重对违章人员的行为动机进行了分析，然而在实际工作中，有部分是由于外界条件的影响或限制，导致直接诱发员工违章行为的发生。相对来说，这部分外因就需要企业自身进行产业升级，采用新技术、新材料、新工艺，加强企业内部安全管理来加以改进。

1. 人机界面设计不合理

作业人员使用的工作器具，由于人机界面设计不符合操作安全、高效、方便、宜人等要求是引发人员违章操作的一个重要原因。员工在使用安全工器具过程中感到别扭难受，导致不愿意佩戴或使用安全工器具。例如个别企业生产的安全帽，不具备透气功能，在炎热的气温下，员工佩戴此类安全帽在野外露天作业时容易出现中暑现象。

2. 作业环境不适

作业环境不适合工人操作也是引发违章违纪操作的一个重要原因，例如工作现场的噪声、高温、高湿度、臭气等使人难以忍受，导致工人急于避开那个环境。或者作业面空间过于窄小，难以按规程作业等。正是由于存在这些原因，一方面容易导致二作质量无法保证，另一方面就易引发员工违章违纪冒险作业等。

3. 生产管理不善

生产管理不善是产生违章的重要原因。我们常常认为产生事故的间接原因是管理不到位，其实它也是产生事故的直接原因，管理上存在缺陷或不善，是根本性的事故隐患。生产管理不善具体表现在以下方面：

（1）生产组织不当。管理人员在组织生产，安排工作班组成员时，由于安排不当使班组成员间产生人际纠葛，致使相互间配合不顺、信息不通或工作安排时间过长易造成工人疲倦等。这些都容易引起人员责任事故的发生。

（2）生产管理不当。管理人员的职责就是管理，不仅要管理好人员，还应该管理好班组的安全工器具，否则，当员工使用了因质量存在问题或因检验过期而失效的工器具，就容易造成人身伤亡。

（3）违章指挥。管理人员自身素质不高，就容易在工作过程中违章指挥，带头违章。其影响相当恶劣，也极难纠正。例如管理干部自身不熟悉安全规定，冒险让工人作业或野蛮施工、无证上岗等。

【事故案例】

一起严重硫化氢中毒事故的分析

某年1月东莞市一造纸厂发生一起因工人严重违反操作规程和缺乏救助常识而导致10人中毒、其中4人死亡的重大伤害事故。

【事故经过】

按照惯例，工人于早上7点停机，并经过往浆渣池中灌水、排水的工序后，8点左右有2名工人下池清扫浆池，当即晕倒在池中。在场工人在没有通知厂领导的情况下，擅自下池救人，先后有6人因救人相继晕倒在池中，另有2人在救人过程中突感不适被人救出。至此，已有10人中毒。厂领导赶到后，立即组织抢救，经往池中灌氧、用风扇往池中送风后，方将中毒者全部用绳子拉出池来。由于本次中毒发生快，中毒深，病情严重，10例病人在送往医院后，已有6例心跳和呼吸停止，虽经多方努力抢救，至当日下午4时20分，已有4人死亡。

【事故原因】

① 中毒现场有害气体的测试及中毒化学物质的鉴定。浆池外形似一倒扣的半球状体，顶部有一40 cm×60 cm洞口，工人利用竹梯从洞口进出清洗浆池。走近洞口，就闻到一股较浓的臭味，事故发生后，在洞口处用快速检测管对洞口内10 cm处的气体进行检测：硫化氢（H_2S）55 $mg \cdot m^{-3}$（国家卫生标准为10 $mg \cdot m^{-3}$），一氧化碳、氯气和氯化氢未检出，可以推断，在实行向池

中通风、送氧之前，其浓度一定更高。根据中毒病人的发病及临床特征，将本次中毒诊断为急性重度硫化氢中毒。

② 浆池硫化氢产生的原因。造纸的过程中，使用大量的含硫化学物质，通常情况下，由硫化氢引起的职业危害多发生在蒸煮、制浆和洗涤漂白过程中。如果含硫的废渣、废水长时间存放在浆池中，再加上含硫有机物的腐败，就会释放出大量的硫化氢气体，由于比重较大（1.19）而沉积于浆池的底部。

③ 工人严重违反操作规程。硫化氢是剧毒的窒息性气体，在没有良好通风和个人防护的情况下，是绝对不能进入高浓度硫化氢环境工作的。但本次清洗浆池前，水仅灌注了四分之一，且工人在没对池内进行通风处理的情况下就下池清洗，随后一连串的救人更是在没有任何通风和防护的情况下进行的。

④ 缺乏安全及应急措施。现场调查发现用于鼓风的排污口处却没有鼓风机，连电源插座都找不到；清洗浆渣池没有任何的个人防护用具（如防毒面具），甚至连一根救助的绳子都没有，更没有发生事故时的抢救设备。

⑤ 缺乏劳动安全卫生意识、管理混乱。事故发生后，当要求厂方提供有关安全规章制度时，厂方虽说有，但无论如何却找不到，不知放到哪里。如果厂里有安全监督员，并负责对整个安全程序进行监督，便能做到及早发现、及早预防，这起事故就完全可以避免。

⑥ 缺乏必要的防毒急救安全知识教育。本次中毒的10位工人，在该厂工作1～5年，却从未进行过有关的安全卫生培训和教育，不知道制浆过程中存在哪些对人体有害的化学物质、对人体能造成哪些伤害，也不知预防措施，更不知发生紧急情况如何救治。

三、挥别屡禁不止，走向安全大道

1. 安全规范意识淡薄

由于每一次习惯性违章不一定都会发生事故，使员工模糊了习惯性违章与事故发生之间的必然联系，进而产生了值得冒险的念头。还有部分员工，自认为技术好、能力强、工作经验丰富，形成了胆大妄为的工作作风。另外，由于不能正确处理任务数量、效益成本与安全质量之间的关系，对片面赶进度、抓效益可能引发的事故及后果的严重性缺乏估计和预想，因而产生了“该投机时就投机，该取巧时就取巧”的错误思想。

2. 部分员工素质不高

一是新员工对标准规范吃得不透，工作经验缺乏，业务技术不高，安全意识欠缺，是非鉴别能力不强，衡量对错的标准尺度没有彻底成型；二是有的老员工安全专业技术知识不够，原有的经验与新设备、新技术的要求脱离；三是有的管理者虽然知道却不愿用新的安全技术理论指导实践，依然沿用旧的方法，存在思想上的惰性。

3. 责任监管效果欠佳

一是安全管理制度建设不完善，有些制度过时却不能及时修正，有些制度或部分内容相互矛盾，还有些方面则缺少相应的制度；二是有的领导对自身的监管不力，导致上行下效，使反习惯性违章层层弱化；三是有些监管人员无所作为，不深入基层，不跟踪新技术、新标准、新教程，或者碍于人情，在考核时避重就轻、敷衍了事，甚至“手下留情”、“一放了之”。

4. 员工间监管不够

有的因为自身技术能力原因无法对他人实施监管，有的从思想和行为上排斥他人的监管，还有的员工常以“与己无关”的态度对待周围发生的习惯性违章，乐于当“老好人”，这些都使反习惯性违章效果大打折扣。

四、预防为主，老生常谈有新意

“安全第一，预防为主”，这是安全生产的客观规律，是我们开展安全工作必须遵循的准则，反习惯性违章工作也不例外。

1. 治理习惯性违章重在预防

习惯性违章是安全生产的大忌，是长期存在又较难铲除的痼疾。要想真正根除员工的习惯性违章必须从预防抓起，把抓好预先防范作为反习惯性违章工作的重点。

第一，要提高思想认识，真正把根除习惯性违章工作的重点放在抓预防上。

第二，要多做打基础的工作，进行超前预防。包括加强对员工尤其是新工人或临时工的安全教育，提高他们的安全观念和安全技术素质；抓好劳动纪律，培养员工养成遵章守纪的习惯；抓好班组长的培训工作，让他们成为预防习惯性违章的带头人等。这些工作抓好了，就能为预防习惯性违章打下深厚的基础。

第三，要善于抓苗头，见微知著，把习惯性违章消灭在萌芽状态。习惯性违章行为，有其形成、滋长和蔓延的过程，其形成阶段易于纠正，所以，安全管理者要具备很强的观察力和预见性，善于发现习惯性违章的苗头，力争抓小抓早，从根本上予以铲除。

第四，要举一反三，抓好整改工作。对因习惯性违章而造成的事故，应加强调查分析，真正弄清原因、性质和应吸取的教训，认真进行整改，以防范各类事故重复发生。

第五，全面抓好落实工作，把预防工作做到每一个人身上、每一个作业环节上，贯穿于企业生产任务的全过程。特别要做好重点人和薄弱环节的工作。

第六，摸索规律，掌握预防的主动权。习惯性违章行为有一定的必然性，预防习惯性违章也有规律可循。安全管理者应不断地总结经验，逐渐地认识和把握这些规律，指导开展好预防习惯性违章工作。

2. 预防习惯性违章必须明确的几项认识

（1）预防习惯性违章的重点在基层班组

根据有关数据统计，企业存在的习惯性违章行为和由此而诱发的事故中，有80%以上发生在基层班组，可见，基层班组是习惯性违章的多发区。因此，基层班组应当成为预防习惯性违章、消灭事故的前沿阵地。企业反习惯性违章，必须把基层班组作为重点来抓。只有基层班组杜绝了习惯性违章，实现了安全生产，才能为整个企业的安全生产打下坚实的基础。

（2）预防习惯性违章的关键是领导

预防习惯性违章工作能否取得成效，不仅仅取决于领导的决心、态度是否坚决，制定的措施是否得力，而且取决于他们自身是否起到模范带头作用。如果班组长带头遵章守纪，杜绝习惯性违章指挥，员工就能跟着学，照着做，就能带出遵章守纪的员工队伍。反之，“上梁不正下梁歪”，习惯性违章指挥不根除，习惯性违章操作和作业也不可能杜绝。所以说，预防习惯性违章，必须抓住领导这个关键。

（3）预防习惯性违章要依靠科技手段

人在实际操作中，由于受到自身的技术、经验、能力、体力以及情绪、情感、气质、性格等方面状况的制约和影响，难免出现差错。而且有的员工往往因固守不良的传统做法和习惯方式，虽然身临险境而不知避险，再加上有的企业设备陈旧，存在许多缺陷和隐患。因此，必须增强班组安全管理的技术含量，不断完善安全防护设施，依靠高、新科技手段，防范习惯性违章及可能引发的事故。

（4）预防习惯性违章要坚持重罚

一些企业习惯性违章现象之所以屡禁不绝，一个重要的教训就是处罚不严，失之于宽。事实证明，只有从严惩处，罚得使违章者心痛并彻底醒悟，才有可能铲除习惯性违章。

（5）预防习惯性违章必须抓好老工人

一般来说，老工人经验丰富，技术娴熟，但不能因为这样就放松了对他们的严格要求。据对一些事故的分析，由于老工人习惯性违章的原因诱发的事故，占有一定的比例；而且老工人的习惯性违章还会影响下一代。所以，引导他们正确地对待自己，正确地对待已有的经验，把感性认识升华到理性认识上来，使他们真正认清：安全规程是科学的总结，是保证安全的法宝，只有严格地按安全规程办事，才能实现安全生产。要像抓新工人培训那样抓好老工人的再教育，组织他们重新学习安全规程，掌握科学的安全技术知识。

（6）预防习惯性违章必须坚持“小题大做”

对习惯性违章在认识上，必须看重，不可看轻；处罚上，宁肯从严，绝不手软；在工作上，定要抓紧，不可放松。

① 习惯性违章本身不是小事，而是关系到安全生产的大事。

② 习惯性违章是痼疾，必须严厉制止，积极预防。

③ 对习惯性违章必须真抓实管，纳入重要议事日程。

我们要采取有力措施，抓出成效。如果把习惯性违章看轻，激不起员工安全生产的责任感和紧迫感，该当成大事的反而当成小事，则不是真心实意地抓安全，还有可能使习惯性违章蔓延而导致事故。

3. 预防习惯性违章的措施

(1) 加强安全管理

每个员工都是企业这个集体中的一员，每个生产一线员工的成败，每一道工序的成败，都将干扰集体的作业安全，个人的不安全行为暴露在集体面前，自然会引起集体的反对和劝阻。这种反对和劝阻既是一种控制力，又是一种自觉性的推动力。为了充分发挥这种自发的监控力量，在生产中可以有组织地建立起明确的互控机制，以提高这种互控效果。这种互控在一线生产班组中的作用更加的明显。下面将通过调研收集到的、认为有借鉴意义的一些管理方法提出供探讨。

① 班组成员轮流安全值周方法。班组成员轮流值周是一种民主管理、调动集体成员责任感的方法，也是一种培育集体成员安全意识，实现班组安全文化建设的有效方法。

班组成员轮流值周，就是班组的所有成员，依次分别轮流担任一周的班组安全员，在每天班组会上由轮值员进行几分钟的班组成员遵章守纪讲评与自查互查相结合的群查活动，在生产过程中发现班组成员有违章违纪行为时，班组安全轮值员应立即提出纠正意见，情况严重的，造成事故险兆的，应按照“四不放过”（事故原因未查清不放过，责任人未处理不放过，整改措施未落实不放过，有关人员未受到教育不放过）的原则组织集体讨论，提高认识，找出原因，制定措施，吸取教训，防微杜渐。

② 设立安全监督岗方法。生产班组在现场施工作业时，由于作业面广，企业、车间以及班组的安全管理人员不可能每时每刻都在每一个生产现场，班组长也不可能每时每刻都能照顾到每一名工人。如何建立班组监督管理约束机制，一些单位进行了有益的探索。具体做法是：在班组设立安全监督岗，根据班组的实际情况以及工作范围，在班组工作成员中，挑选 3 ~ 4 名综合技术素质过硬的员工作为班组安全监督岗的成员，确保在班组的生产

作业现场都有一名安全监督员，具体负责规范班组作业人员的作业行为。

③ 班长担任班组安全的第一责任人。班长既是班组生产安全管理员，又是班组安全作业监督员，作为班长要做到使班组中每一个成员都了解本班组工作的性质及危险因素，本班组工作现场的危险性因素，每一个成员都掌握事故的防范及事故中的减灾救援技术。与此同时，建立起小组中每个成员与班长遵章守纪联保制度，班长违章违纪全班联罚，班组中有一人违章违纪班长联罚。

④ 安全学习制度。定期举行安全学习是一项行之有效的方法，在安全学习会上，可以将本周班组或车间发生的不安全行为进行总结，具体分析违章违纪的发生过程及发生的状况。或者有针对性地将别人的事故事例组织进行学习，前车之鉴，后世之师。从中汲取别人教训，警示自己。有的单位的安全学习，采用领导干部分片包干，他们不定期参加班组的安全学习的办法值得借鉴。

搞好安全生产工作，关键在于全体成员的共同努力。要实现控制人的违章行为首先要控制人的违章行为动机，人的违章行为动机是受一系列主客观因素复杂作用的影响，因此，要控制人的违章行为动机，就需要对影响遵章守纪的一系列主客观因素进行动态的系统控制管理。以上方法都是经过实践检验证明可以有效提高安全管理的方法。

（2）抓好“七个结合”

① 预防习惯性违章与推行安全联保制度相结合。推行安全联保制度，有利于纠正并预防习惯性违章。安全联保制度，即以班组为单位签订安全联保合同，要求“班组保一人，一人保班组”，成员之间互相监督、互相提示、互相保护，一人违章全组受罚，没有违章全组受奖。这样做可以极大地增强员工的安全责任感，

在集体中形成一种齐心合力惩治和根除习惯性违章的氛围。

② 提高遵章守纪自觉性与严格监护相结合。反习惯性违章，既要强调提高遵章守纪的自觉性，又应实行严格的监护。前者是调动员工的内在积极性，后者是营造一个制止习惯性违章的外在条件，只有把这两者有机地结合起来，反习惯性违章才能收到事半功倍的效果。自觉性提高了，才能自觉遵章守纪，还会自觉地履行监护责任，发现他人有习惯性违章行为，便主动加以劝阻；发现作业环境存在隐患，便积极向有关人员报告，或千方百计地进行消除；发现机械设备有故障，便认真地修理，绝不让它带故障运转。在员工中形成互相监护的良好氛围，把违章遏制在萌芽状态。

③ 预防习惯性违章与安全教育相结合。习惯性违章是劳动者的一种不良行为，这种不安全行为又受其不安全思想所支配。因此，只有抓好安全教育，解决员工的思想问题，使之牢固树立安全第一的观念，才能铲除习惯性违章的思想根源。特别是对因习惯性违章受到处罚的员工，更应该加强安全教育，帮助他们明确为什么受到处罚，怎样才能成为一个遵章守法的好员工。明白了这些道理，员工就能够严格要求自己，自觉地遵守安全工作规程，防止习惯性违章行为的发生。

④ 预防习惯性违章与安全风险抵押相结合。为了预防习惯性违章，铲除事故的诱因，有些企业实行了安全风险抵押制度，即在员工收入中扣留一部分，作为安全风险抵押金。如果员工遵章守纪，在规定期限内安全无事故，不但如数返还，并且加倍奖励。如果发生习惯性违章行为，则根据危害程度，不但收缴抵押金，情节严重的，还要给予行政处分。

⑤ 预防习惯性违章与开展安全标准化作业相结合。所谓安全标准化作业，就是在有关规程指导下的规范作业。标准化作业从准备到实施的每一个具体步骤和操作方式都纳入规范化的轨道，按程序作业，规范化操作，大大地减少了随意作业的机会和条件，是防止习惯性违章的可靠保证。

⑥ 预防习惯性违章与安全检查相结合。实践证明，坚持安全检查制度，是预防和纠正习惯性违章的一项基本措施，那些安全观念不强，缺乏执行安全规程自觉性的员工，最容易发生习惯性违章行为。坚持安全检查制度，就可以把他们置于监督和管理之下，使他们产生一定的外在压力来约束自己的行为。坚持安全检查制度，还可以及时了解和掌握组员们的安全工作情况，对一些易发的习惯性违章行为进行超前预防，及时制定和颁布有关的防范措施。总之，坚持安全检查制度，能够促进安全规程的贯彻执行，有效地预防和纠正习惯性违章。

⑦ 预防习惯性违章与安全竞赛相结合。举办各种形式的安全竞赛活动，它对于增强员工遵章守纪观念，防止习惯性违章行为具有重要作用。

安全竞赛活动要目标明确，条件具体，措施得力，为员工预防习惯性违章指明方向和目标。

安全竞赛活动能够激发荣誉感，促使员工为维护集体和个人荣誉自觉地遵章守纪。一些习惯性违章苗头一出现，即会被制止，难以蔓延滋长。

安全竞赛活动与物质利益直接挂钩，最容易把员工预防习惯性违章的积极性调动起来。在这样的激励机制下，一些习惯性违章现象均因为发挥了人的因素而得以预防。

4. 企业其他系统要配合班组搞好综合治理

安全工作是一项综合性的工作，牵涉方方面面，与每个人息息相关。它是关系到个人安全、家庭幸福、企业兴盛、国家安定的大事，因而，预防习惯性违章工作必须实行综合治理。

（1）企业领导应针对本单位的实际情况，揭示并剖析习惯性违章的表现，制定预防习惯性违章细则，采取有力措施，发动群众，人人参加预防习惯性违章工作。

（2）企业党委应充分发挥其监督保证作用，关心安全生产工作，组织开展党员身边无习惯性违章活动，以党员的模范作用带动群众，使预防习惯性违章工作开展得生动、扎实。

（3）工会组织应积极协助行政部门开展好预防习惯性违章工作，诸如通过组织员工开展安全竞赛，参与安全检查，从保护员工的生命安全和身体健康的角度出发，使预防习惯性违章工作成为一项群众性活动并取得实效。

（4）企业共青团组织应把安全工作纳入团组织的活动中，在开展预防习惯性违章工作中，采用多种形式组织青年员工学规程，反违章。如设立青年安全监督岗就是一种好形式。让青年工

人监督别人不违章，保证自身遵章，就能大大减少习惯性违章现象。

（5）企业各有关部门，如生产（施工）技术部门和保卫、机械、物资供应等部门也应在各自的安全职责范围内，防止并纠正习惯性违章行为。在预防习惯性违章工作中，谁抓都不越位，怎么从严要求都不过分。只有人人参与，才能形成综合治理的氛围。

（6）在开展预防习惯性违章工作中，应注意占领家庭这个重要阵地。事实证明，许多习惯性违章行为，不仅在工作时间反复发生，在八小时之外也每每存在。如有的员工嗜酒成痴，每天吃饭时都要喝上两盅。而酒后作业极易发生事故。有的员工离家前不穿戴好安全防护用品等。所以，应通过走访或座谈等形式，倡导员工家属协助预防习惯性违章行为，必要时可由单位和家属签订监护合同。工作时间由单位负责，防止与纠正习惯性违章；八小时以外由家属负责，劝阻并制止员工的习惯性违章行为。

总之，通过多方面的工作，使习惯性违章行为在任何时候都不能躲过监护人的眼睛，进而达到预防习惯性违章、确保安全生产的目的。

五、给你纠正的偏方

1. 对习惯性违章者的针对性教育

（1）让习惯性违章者抄写安全规程。习惯性违章者有的可能是不了解安全规程的要求，也可能是明知故犯。因此，有必要通过让其抄写安全规程有关内容的办法，使其重新学习安全规程，打牢安全生产的思想烙印，熟知安全技术知识和操作方法。但各级领导或安监部门一定要认真检查，从严要求，直到违章者学懂弄通、知错、认错、改错为止。也可以有针对性地出一些题目，让习惯性违章者利用业余时间学习安全规程，背会答案，而后考试，直到合格为止。

（2）让习惯性违章者作检讨，写出保证书。可要求习惯性违章者写出检讨，并视影响面在班组或更大的范围内当众作检讨。让其讲清习惯性违章的经过和原因，谈已经或有可能造成的危害，并让其当众宣读保证书，保证今后不再发生习惯性违章行为。也可在违章者作检讨后，让大家谈看法，对其进行帮助。

（3）运用媒介对习惯性违章行为予以曝光。荣辱之心，人皆有之。可采用定期公布习惯性违章者名单或运用照相、录像等现代宣传手段，进行跟踪监督，立此存照或当众播放，可以使习惯性违章者受到自我谴责，从而小心谨慎，自觉遵章。

（4）让习惯性违章者当义务安全员，纠正违章行为。习惯性违章者，多属于安全观念不强，对自己和他人的安全不负责任。让其当义务安全员并纠正违章，则可以使其在抓安全工作的实践中，体验到安全工作的重要性和习惯性违章的危害性，体验到安全管理人员的苦心。同时，让违章者抓一两起他人的习惯性违章现象，既是对习惯性违章者的处罚，又有利于培养其安全生产、人人有责的精神。

（5）举办短期学习班，组织习惯性违章者学习安全生产方针政策、法律法规、规章制度。在办班期间，只发基本工资，不发奖金。对严重的习惯性违章者可“单兵操练”，对症下药，直到口服心服为止。

（6）对严重的习惯性违章者，可采取下岗待业的处罚措施。让其在家冷静反思，学习安全规程，处罚期到后，应对其进行安全规程考试，合格者写出保证书后方可上岗。

2. 员工个人怎样预防习惯性违章

预防习惯性违章人人有责。每个员工都应意识到实现安全生产的责任感和紧迫感，投身到预防习惯性违章工作中来。

（1）要明确预防习惯性违章工作的目的和意义，自觉地破除模糊认识，端正态度。千万不要以为“预防习惯性违章是上级的事”，自己是一般员工，又无违章现象，便漠不关心。搞好预防习惯性违章工作，关系到企业的安全生产，关系到员工的生命和健康。预防习惯性违章会使每个员工受益，每个员工也都应该把预防习惯性违章当成自己分内的事。

（2）要重新学习本专业的安全规程。要借助开展预防习惯性违章的有利时机，重温安全规程，掌握更多的安全防护知识，并严格执行。

（3）要力争不在自己身上出现习惯性违章，下决心与习惯性违章彻底决裂，并在作业中严格要求自己，一切按安全规程办

事。凡是安全规程要求的，就一丝不苟地执行；凡是违背安全规程的，绝不涉足一步。

（4）当别人制止自己的习惯性违章时，应虚心地接受。每个员工都应明确，别人能够及时发现和制止自己的习惯性违章行为，是对自己莫大的关心和爱护，是对集体和个人负责的表现。因此，不能讳疾忌医，我行我素，更不能因此对他人产生反感。违章者应虚心纠正自己的错误，感谢别人的帮助。

（5）当发现习惯性违章行为时，应勇于制止或劝阻，使其消灭在萌芽状态。制止一起习惯性违章，就等于预防了一起事故。

（6）要善于从正反两方面典型事例中予以借鉴，来提高自己的防护能力。在预防习惯性违章的工作中，一些违章事例会被公布于众，一些遵章守纪的先进事迹也会得以宣扬。“它山之石，可以攻玉”。每个员工都应当成为有心人，善于从习惯性违章案例中吸取教训，不再发生类似现象；善于从先进事迹中受到启迪，查找差距，迎头赶上，为预防习惯性违章工作作出贡献。

六、坚持是安全的信仰

1. 习惯性违章需要常抓他们不明白的东西

有的员工认为“开展预防习惯性违章工作是一项临时工作”，因而只满足于抓一阵子，缺乏长期作战的思想准备。这些员工不了解，预防习惯性违章是企业发展过程中的一项长期任务。只要进行生产建设，就必须预防习惯性违章。

（1）纠正并预防几起习惯性违章现象比较容易，但要改变人们长期形成的不良习惯行为方式，纠正忽视安全的思想，并不是轻而易举的，必须经过长期艰苦的努力才能实现。

（2）员工的思想情绪等心理因素，并不是一成不变的。只有随时随地观察员工的思想情绪变化，及时做好工作，才能起到超前预防的积极作用。

（3）随着社会发展和机械设备的日益现代化，工艺流程和操作方式也将逐渐更新。这样，员工在学习和掌握新的操作方式过程中，就有一个不断排除旧的技能干扰的问题，也就是说，因循守旧的习惯性违章行为随时都有可能出现。因此，在企业发展进程中，必须始终抓好预防习惯性违章工作。

（4）依靠科技进步，有助于预防因习惯性违章而引发的事故。但这些条件的实现，以至落实到每一个单位，需要有一个过程，不可能在短时间内完成。因此，抓好对人的安全管理，预防习惯性违章，也不是一朝一夕的事。即使安全设施比较完善，也需要增强员工的安全意识，才能利用和维护好这些设施、设备。

（5）工作任务是在不断变换的。在不同的工作任务中，习惯性违章的表现也不尽相同。在新的工作任务中，已经纠正过的习惯性违章行为，还有可能以另一种表现形式出现。这也告诉我们，预防习惯性违章不能只抓一阵子，必须常抓不懈。

另外，员工队伍的成分也不断变化，每年都有老员工退休，新员工补入。员工队伍的新老交替也要求预防习惯性违章工作不能一劳永逸。

2. 如何做到常抓不懈

首先，企业全部成员都必须认清反习惯性违章的重要性和长期性，真正树立长期作战的思想。

其次，要把反习惯性违章与贯彻落实安全规章制度结合起来，用规章制度来保证。比如，在班前、班后会、安全活动日以及安全例会，都应该把预防习惯性违章工作作为其中的一项重要内容。

最后，要把预防习惯性违章与抓生产任务相结合，使之具体化、经常化。比如，在制订生产计划时，应制定杜绝事故、预防习惯性违章的计划和措施，在计划、布置、检查、评比、考核生产（施工）任务时，同时进行计划、布置、检查、评比、考核预防习惯性违章工作。这样，就能使预防习惯性违章工作深入持久地开展下去，并不断取得成效。

第三章 管理，坚持安全第一原则

- 行政，第一手段
- 法制，强制执行
- 发挥科学方法的作用
- 经济手段的逐步尝试
- 培育企业安全文化

一、行政，第一手段

1. 建立合理的国家安全生产运行机制

我国目前正建立和逐步完善“政府监管与指导、企业实施与保障、员工权益与自律、社会监督与参与、中介支持与服务”的五方运行机制。

2. 坚持有效的管理原则

（1）生产与安全统一的原则。生产与安全统一的原则是：“谁主管、谁负责”；在安全生产管理中要落实“管生产必须管安全”、“搞技术必须搞安全”的原则。“管生产必须管安全”的原则具体表现为“安全生产人人有责”，管生产的同时必须管好安全，分管的人员必须同时管理安全。“搞技术必须搞安全”的原则主要体现为任何从事工艺和技术工作的工程师和技术人员，必须在自己的业务和技术工作中考虑和解决好相应的安全技术问题。

（2）“三同时”原则。生产经营单位新建、改建、扩建工程项目的安全设施，必须与主体工程同时设计、同时施工、同时投入生产和使用。安全设施投资应当纳入建设项目预算。

（3）“五同时”原则。要求生产经营单位负责人在计划、布置、检查、总结、评比生产的同时，要计划、布置、检查、总结、评比安全生产工作。

（4）“三同步”原则。企业在规划和实施自身生产经营发展、进行机构改革和技术改造时，安全生产方面要相应地与之同步规划、同步组织实施、同步运作投产。

（5）安全否决权原则。安全具有否决权的原则是指安全工作好坏是衡量企业经营管理工作好坏的一项基本内容，该原则要求

在对企业各项指标考核、评选先进时，必须要首先考虑安全指标的完成情况。安全生产指标具有“一票否决”的作用。

（6）事故查处的“四不放过”原则。发生事故后，要做到事故原因没查清、当事人未受到教育、整改措施未落实、责任人未追究的“四不放过”原则。

3. 实施科学的安全检查

科学的安全检查方法有如下四种：经常性检查；定期安全检查；专业性安全检查；群众性检查。

安全检查表的使用是一种科学的检查方法，它既可以进行定量检查，也可以进行定性检查。安全检查表具有如下特点：①检查项目系统、完整，可以做到较高可靠性地不遗漏能导致危险的关键因素，因而能保证安全检查的质量；②可以根据已有的规章制度、标准、规程等，检查执行情况，得出准确的评价；③ 安全检查表采用提问的方式，有问有答，给人印象深刻，使人知道如何做才是正确的，因而可起到安全教育的作用；④编制安全检查表的过程本身就是一个系统安全分析的过程，可使检查人员对系统的认识更深刻，更便于发现危险因素。

“八查八提高”活动：一查领导思想，提高企业领导的安全意识；二查规章，提高员工遵守纪律、克服“三违”的自觉性；三查现场隐患，提高设备设施的本质安全程度；四查易燃易爆危险点，提高危险作业的安全保障水平；五查危险品保管，提高防盗防爆的保障措施；六查防火管理，提高全员消防意识和灭火技能；七查事故处理，提高防范类似事故的能力；八查安全生产宣传教育和培训工作是否经常化和制度化，提高全员安全意识和自我保护意识。

4. 规范的制度化管理

（1）严密的安全生产责任制。安全生产责任制是生产单位岗位责任制的一个组成部分，是企业最基本的安全制度，是安全规章制度的核心。安全生产责任制是以企业法人代表为责任核心的安全生产管理制度，是安全生产的责任体系、检查考核标准、奖惩制度三个方面的有机统一。安全生产责任制的实质是“安全生产，人人有责”。其作用是能够产生对安全生产行为的制约功能、监督功能和检查评价功能。

（2）全面的安全生产委员会制度。每个企业应该建立安全生产委员会，委员会主任由法人代表担任，副主任由分管安全生产的负责人担任，安全、质量、生产、经营、党政工团、人事财务等相关部门负责人参加，并使其成为实施企业全面安全管理的一种制度。

（3）动态的安全审核制。新建项目实施“三同时”审核，现有项目或工程推行动态、定期安全评审制度，以保证安全生产的规范、标准得以落实和符合。

（4）及时的事故报告制。

（5）安全生产奖惩制度。企业安全生产奖惩制度的建立，是为了不断提高员工进行安全生产的自觉性，发挥劳动者的积极性和创造性，防止和纠正违反劳动纪律和违法失职的行为，以维护正常的生产秩序和工作秩序。只有建立安全生产奖惩制度，做到有赏有罚，赏罚分明，才能鼓励先进，督促后进。

（6）危险工作申请、审批制度。易燃易爆场所的焊接、用火，进入有毒的容器、设备工作，非建筑行业的高处作业，以及其他容易发生危险的作业，都必须在工作前制定可靠的安全措施，包括应急后备措施，向安全技术部门或专业机构提出申请，经审查批准方可作业，必要时设专人监护。企业应制定管理制度，将危险作业严格控制起来。易燃易爆、有毒有害危险品的运输、储存、使用也应该有严格的安全管理制度。需经常进行的危险作业，应该有完善的安全操作规程，经常使用的危险品应该有严格的管理制度。

二、法制，强制执行

1. 建立系统、全面的法规体系

安全法制管理就是利用法制的手段，对企业安全生产的建设、实施、组织，以及目标、过程、结果等进行安全的监督与监察管理。

2. 实施国家强制的安全生产许可制度

通过立法、监察，建立政府执法机构，实施国家安全监督、监察机制。国家通过行为监察、技术监察等方式，落实国家安全生产法规。

3. 建立两结合的政府监管体制

《安全生产法》明确了我国现阶段实行的国家安全生产监管

体制。国家安全生产综合监管与各级政府有关职能部门（公安消防、煤矿监察、建筑、交通运输、质量技术监督、工商行政管理等）专项监管相结合的体制。其有关部门合理分工、相互协调，相应地表明了我国安全生产法的执法主体是国家安全生产综合管理部门和相应的专门监管部门。

4. 推行四种监督方式

《安全生产法》以法定的方式，明确规定了我国安全生产的多种监督方式。第一是工会民主监督，即工会有权对建设项目的安全设施与主体工程同时设计、同时施工、同时投入生产和使用进行监督，提出意见。第二是社会舆论监督，即新闻、出版、广播、电影、电视等单位有对违反安全生产法律、法规的行为进行舆论监督的权利。第三是公众举报监督，即任何单位或者个人对事故隐患或者安全生产违法行为，均有权向负有安全生产监督管理职责的部门报告或者举报。第四是社区报告监督，即居民委员会、村民委员会发现其所在区域内的生产经营单位存在事故隐患或者安全生产违法行为时，有权向当地人民政府或者有关部门报告。

5. 专业人员认证制度

国家对特种作业人员、高危险行业的厂长经理（负责人）和安全生产的专管人员实行许可证制度和职业资格制度。

6. 女员工和未成年工特殊保护制度

安全生产责任是企业安全卫生规章制度的核心；职业安全卫生设施与劳动防护用品管理制度是企业职业安全卫生“硬件”建设的保证；职业安全卫生教育制度是提高员工素质的关键。女员工和未成年工特殊保护制度是企业日常工作，同时又与员工享受的劳动保护权利有关，是一项政策性很强的工作。

7. 企业内部监督制

在企业内部实施第二方监督管理体制，即通过设置安全总监和安全检查部门，对特种设备、重大危险源、职业卫生、防护用品、化学危险品、辅助设施、厂内运输等政府实施的国家监察项目进行内部监控和管理。

8. “三负责”制

企业各级生产领导在安全生产方面要“向上级负责，向员工负责，向自己负责”。

三、发挥科学方法的作用

1. 事后型安全管理

事后型管理是一种被动的对策，即在事故或灾难发生后进行整改，以避免同类事故再次发生的一种对策。这种管理模式遵循如下技术步骤：事故或灾难发生→调查原因→分析主要原因、提出整改对策→实施对策→进行评价→新的对策。

2. 预期型安全管理

预期型模式是一种主动、积极地预防事故或灾难发生的对策。是现代安全管理和减灾对策的重要方法和模式。其基本的技术步骤是：提出安全或减灾目标→分析存在的问题→找出主要问题→制订实施方案→落实方案→评价→新的目标。

3. 技术性管理原则

对生产系统的危险、危害实施采取如下技术对策：消除潜在危险的原则；降低潜在危险因素数值的原则；冗余性原则；闭锁原则；能量屏障原则；距离防护原则；时间防护原则；薄弱环节原则；坚固性原则；个体防护原则；代替作业人员的原则；警告和禁止信息原则。

4. 系统性管理原则

安全生产管理过程中遵循如下原则。

（1）系统整体性原则。系统的整体性由六大属性确定，目标性、边界性、集合性、层次性、调节性和适应性。安全管理的整体性要体现出明确的工作目标，综合地考虑问题的原因，要动态地认识安全，落实措施要有主次，能适应变化的要求。

（2）计划性原则。安全对策要有计划和规划，要有近期的、长远的目标。工作方案、人、财物的使用要按规划进行，并有最终的评价，形成闭环的管理模式。

（3）效果性原则。安全对策效果的好坏，要通过最终的成果指标来衡量。由于安全问题的特殊性，安全工作的成果既要考虑经济资产，又要考虑社会效益。正确认识和理解安全的效果性，是落实安全减灾措施的重要前提。

（4）单项解决的原则。在制定具体事故预防措施时，问题与措施要一一对应，有主次、有轻重缓急。使事故隐患的消除落在实处。对于老大难问题，应逐步地考虑整治，一年一步，不能急于求成。

（5）等同原则。根据控制论原理，为了有机地控制，控制系统的复杂性与可靠性不应低于被控制系统。在安全上，安全系统或装置的可靠性必须高于被监控的机器和设备系统。要实现安全管理监察、审查及否决权制度，安全理论、技术方法、安全人员的素质不应低于被管理的对象。

（6）全面管理的原则。工业企业的安全管理，要进行全面管理，即党、政、工、团、职能部门一起抓。只有调动起全员的安全积极性和提高全员的安全意识，事故的防范才可能有更高的保证。

（7）责任制原则。各级部门和企业应实行安全责任制，部门和企业的“一把手”应负主要责任，所有其他业务部门也同样负有责任，对违反职业安全法规和不负责的人员应追究刑事责任。只有将责任落到实处，安全管理效果才能得以保证。

（8）精神与物质奖励的原则。应用激励理论，对于期望的安全行为给予正强化，即采用精神与物质奖励相结合的办法，激发安全减灾积极性，促进工业安全减灾。

（9）批评教育和惩罚原则。同样是利用行为科学中的强化理论，对不安全的行为进行负强化，即进行批评教育和经济与职务上的处罚。应用这一方法时，需要注意时效和客观的问题。

（10）优化干部素质原则。随着科学的发展，安全科学技术有了很大的发展，传统的技术手段和管理方法已不能适应新的要求。这就需要更新安全队伍的人员专业素质，要求懂得技术知识的同时，还需要掌握系统学、心理学、教育学、人机工程、经济学等方面的知识。同时，安全干部的选择要重视德才兼备。

5. 系统模式管理法

鞍山钢铁公司的“0123”管理法、扬子石化的“0457”管理法、济南钢铁公司的“12345”管理法、抚顺西露天矿的“三化五结合”管理模式等。

6. “四全”安全管理

全员——从企业领导到每个干部、员工（包括合同工、临时工和实习人员）都要管安全；全面——从生产、经营、基建、科研到后勤服务的各单位、各部门都要抓安全；全过程——每项工作的各个环节都要自始至终地做安全工作；全天候——一年 365 天，一天 24 小时，不管什么天气，不论什么环境，每时每刻都要注意安全。总之，“四全”的基本精神就是人人、处处、事事、时时都要把安全放在首位。在进行全面的安全管理过程中，同时要注意重点环节和对象。如全员管理中什么工种、人员最重要？全面管理中什么车间和部门最重要？全过程管理中哪个环节最重要？全天候管理中哪个时期最重要？对于大型企业或企业集团，由于管理层次相对比较多，一般有决策层、管理层和操作层。且生产范围广，产业分工繁杂，经营立体多元化，实施有效的“四全”管理更显重要性。

7. 人流、物流定置管理

为了保障安全生产，在车间或岗位现场，从平面空间到立体空间，其使用的工具、设备、材料、工件等的位置要规范，要进行科学的物流设计，实现文明管理。

8. 现场“三点控制”强化管理

即对生产现场的危险点、危害点、事故多发点要进行强化的控制管理，进行挂牌制，标明其危险或危害的性质、类型、定量、注意事项等内容，以警示人员。

9. 现场岗位人为差错预防

（1）双岗制。在民航空管、航天指挥等人为控制的重要岗位，为了避免人为差错，保证施令的准确，设置一岗双人制度。

（2）岗前报告制。对管理、指挥的对象采取提前报告、超前警示、报告重复（回复）的措施。

（3）交接班重叠制度。岗位交接班之间执行“接岗提前准备、离岗接续辅助”的办法，以降低交接班差错率。

10. 生产班组安全活动

生产班组每周的安全活动要做到时间、人员、内容“三落实”。按照安全生产必须落实到班组和岗位的原则，企业生产班组对岗位管理、生产装置、工具、设备、工作环境、班组活动等方面进行灵活、严格、有效的安全生产建设。

11. 安全巡检“挂牌制”

在生产装置现场和重点部位，要实行巡检时的“挂牌制”。操作工定期到现场按一定巡检路线进行安全检查时，一定要在现场进行挂牌警示，这对于防止他人可能造成的误操作引发事故，具有重要作用。

12. 防电气误操作“五步操作法”

防电气误操作“五步操作法”是指周密检查、认真填票、实行双监、模拟操作、口令操作。不仅层层把关，堵塞漏洞，消除思想上的误差，更是开动机器，优势互补，消除行为上的误动。

13. 检修“ABC”管理法

在企业定期大、小检修时，检修期间人员多及杂、检修项目

多、交叉作业多等情况给检修安全带来较大的难度。为确保安全检修，利用检修“ABC”法，把公司控制的大修项目列为A类（重点管理项目），厂控项目列为B类（一般管理项目），车间控制项目列为C类（次要管理项目），实行三级管理控制。A类要制定出每个项目的安全对策表，由项目负责人、安全负责人、公司安全执法队“三把关”；B类要制定出每个项目的安全检查表，由厂安全执法队把关；C类要制定出每个项目的安全承包确认书，由车间执法队把关。

14. 无隐患管理法

无隐患管理法的立论是建立在现代事故金字塔认识基础之上

的，即任何事故都是在隐患基础上发展起来的，要控制和消除事故，必须从隐患入手。推行无隐患管理方法，要解决隐患辨识、隐患分类、隐患分级、隐患检验与检测、隐患档案与报表、隐患统计分析、隐患控制等技术问题。

15. 行为抽样技术

安全行为抽样技术的目的是对人的行为失误进行研究和控制，主要是应用概率统计、正态分布、大数法则、随机原则的理论和方法，进行行为的抽样研究，从而达到控制人的失误或差错、最终避免人为事故发生的目的。

16. 安全评价技术

对人员安全素质、企业安全管理、生产作业现场、生产设备设施、技术方案等进行安全评价，以达到生产过程、环境、条件符合行业、国家安全标准。

17. 安全人机工程

安全人机工程是研究人、机、环境三者之间的相互关系，探讨如何使机、环境符合人的形态学、生理学、心理学方面的特性，使人、机、环境相互协调，以求达到人的能力与作业活动要求相适应，创造舒适、高效、安全的劳动条件的科学。安全人机工程侧重于人和机的安全、减少差错、缓解疲劳等课题的研究。

18. 危险预知活动

通过生产班组定期班前、班后会议，进行危险作业分析、揭露、警告、自检、互检，对员工危险作业、设备设施危险和隐患、现场环境不良状态等进行有效的控制。

19. 事故判定技术

组织车间一线安全兼职人员通过座谈会填表过程，对可能发生事故的状况进行分析判定。其方式是预先针对生产危险状况及设备设施故障设计事故、故障或隐患登记卡，对可能发生的事故状况进行超前判定，以指导有效的预防活动。

20. 科学系统的应急预案

对危险源进行科学预防的前提下，制定有效的事故应急救援预案，以达到一旦事故、事件发生，使其伤亡、损失最小化。

21. “三群”管理法

在企业内部推行群策、群力、群管的全员安全管理战略。

在安全活动期间组织员工背一则安全规章；读一种安全生产知识书籍；受一次安全培训教育；忆一起事故教训；查一个事故隐患；提一条安全生产合理化建议；做一件预防事故实事；当一周安全监督员；献一元安全生产经费；写一篇安全生产感想（汇报）等。

22. “一法三卡”管理技术

全国总工会于2003年在企业推行的一种管理模式。“一法”指重大事故隐患和职业危险监控法。“三卡”指《有毒有害化学物质信息卡》、《危险源点警示卡》和《安全检查提示卡》。

四、经济手段的逐步尝试

1. 合理的经济手段

充分、合理地确定安全投资强度，重视安全投资结构的关系，如安全措施费∶个人防护品费从1∶2过渡到2∶1，安全技术费∶工业卫生费从1.5∶1过渡到1∶1。要注意到预防性投入与事后性投入的等价关系为1∶5，因此要重视预防性投入。

2. 参与保险

随着社会的进步，保险对策作为一种风险转移的手段，对事故损失风险起到风险分散和化解的作用。如社会保险中的工伤保险，以及商业保险中的财产保险、工程保险、伤亡保险等。

3. 安全措施项目优选和可行性论证制度

学会合理地应用安全经济机制，如进行安全项目经济技术的可行性论证；推行企业安全设施、设备的专门折旧机制等。

4. 经济惩罚制度

制定违章、事故罚款制度，并采取连带制、复利制的技巧，即惩罚连带相关人员，罚度随次数增加等。

5. 风险抵押制度

推行安全生产抵押金制度，即在年初或项目之初交纳一定的安全抵押（保证）金，年底或项目完成后进行评估。制度可在全员或入厂员工中实行。

6. 安全经济激励（奖励）制度

采取与工资挂钩、设立承包奖等安全奖励制度，以激励和促进安全生产工作。

7. 积分制

将各类事故、征候、违章行为等管理的事件，进行分级、分类，并确定一定的分值，年底进行测评、考核。

五、培育企业安全文化

1. “三个第一”

活动内容：第一个文件是安全1号文件、第一个大会是安全大会、第一项工作是安全1号文件的宣传月活动。

活动方式：会议、组织员工学习、广播电视宣传、考试。

活动目标：突出安全、抓好安全、为全年的安全工作开好头。

接受人员：企业全员。

组织人员：党政负责人、宣传部门、公关部门和安全部门。

2. “三个一”工程

活动内容：车间一套挂图；厂区一幅图标；每周一场录像。

活动方式：宣传挂图、标志实物建设；在企业电视上组织收看安全录像片。

活动目标：增长知识；强化意识。

参加人员：全体员工。

组织人员：安全部门、宣传部门。

3. 标志建设

活动内容：禁止标志、警告标志、指令标志。

活动方式：实物建设。

活动目的：警示作用，强化意识。

接受人员：员工。

组织人员：安全与宣传部门专业人员。

4. 宣传墙报

活动内容：安全知识、事故教训等。

活动方式：实物建设。

活动目的：增加知识。

接受人员：企业全员。

组织人员：安全和宣传部门专业人员。

5. 三级教育模式

教育内容：厂级、车间、岗位（班组）安全常识、法规、操作规程及操作技能等。

教育方式：课堂学习；实际演练；参观与访问；测试与考核。

教育目的：懂得安全知识；掌握基本技能；建立安全意识。

教育对象：新工人、换岗工人。

组织部门：企业安全专业部门；车间和班组负责人。

关键点：内容和效果。

6. 特殊教育模式

教育内容：特殊工种、岗位、部门必须进行安全知识和规程教育。

教育方式：学习、演练、考核。

教育目的：培养细化意识，掌握知识和技能。

教育对象：从事特殊工种人员。

组织部门：车间、安全技术部门组织，参与国家特种作业人员培训。

关键点：持证上岗，定期复训。

7. 全员教育

教育内容：安全知识、事故案例、政策规程。

教育方式：组织学习研讨广播电教。

教育目的：增强观念，扩展知识，提高素质。

教育对象：全员。

组织部门：安全技术各级机构。

关键点：适时、生动、有效。

8. 家属教育

教育内容：厂情、工种和岗位知识。

教育方式：座谈、家访。

教育目的：创造和谐的家庭生活背景。

教育对象：结合岗位。

组织部门：安全技术部门、工会。

关键点：寓教于乐。

9. 班组读报活动

教育内容：选择与自己安全生产相关的读报内容，如事故案例分析、安全知识、政策法规等。

教育方式：班组安全活动会。

教育目的：提高认识，增加知识，强化意识。

教育对象：班组成员。

组织部门：班组长或班组安全员。

关键点：持之以恒，内容丰富。

10. 决策者教育

教育内容：政策、法规、管理知识。

教育方式：学习、报告、座谈。

教育目的：强化意识，提高决策、管理素质。

教育对象：各级领导及生产管理人员。

组织部门：企业主管负责人；安全专业部门。

关键点：针对性与实用性。

除上述方法外，还组织开展安全知识竞赛、“安全在我心中”演讲比赛、安全专场晚会、安全生产周（月）、百日安全竞赛、“三不伤害”活动、班组安全建设征文、开办安全警告会、现场安全正计时、安全汇报会、安全庆功会、安全人生祝贺活动等。

第四章 培训，为安全保驾护航

- 培训的组织管理
- 创新的教育方法
- 一般性安全教育
- 日常安全教育

企业的安全教育是其安全生产管理工作中一项十分重要的内容，它是提高全体劳动者安全生产素质的一项重要手段。根据国家有关法规要求，企业必须开展安全教育，普及安全知识，倡导安全文化，建立健全安全教育制度。所以本节主要针对企业对员工应该开展的安全教育作以简单说明。

一、培训的组织管理

企业法定代表人和厂长、经理对本企业安全教育工作负责。

企业安全卫生管理部门负责组织实施安全教育工作。

企业安全教育工作应纳入本单位培训教育年度计划和中长期计划，所需人员、资金和物资应予保证。

企业应建立健全生产岗位员工安全教育、管理人员安全教育、安全员安全教育和班前教育、事故教育、安全活动日（周、月）等项安全教育制度。

企业应建立健全安全教育档案。安全教育档案由企业安全卫生管理部门管理或实行分级管理。

企业对于认真开展安全教育并在防止伤亡事故、减少职业危害方面做出成绩的单位和员工，应予以表彰和奖励。

各级劳动行政部门的劳动安全卫生监察人员有权进入企业，对企业安全教育制度、教育内容、组织实施情况等进行监督检查。

劳动行政部门对于认真开展安全教育并在防止伤亡事故、减少职业危害方面做出威绩的企业和人员，应予以表彰和奖励。

二、创新的教育方法

企业安全教育的方式方法是多种多样的。例如，宣传挂图、

安全科教电影、电视以及幻灯片，报告，讲课以及座谈、开展安全竞赛及安全日活动，安全教育展览及资料图书等。另外还有实地参观、现场教育、介绍事故案例、安全会议、班前班后会、黑板报、简报等。一般可根据员工文化程度的不同，采用不同的方式方法。力求做到切实有效，使员工受到较好的安全教育。

1. 宣传画、电影和幻灯

各种安全宣传画以不同方式促进安全。宣传画主要分为两类：一类是正面宣传画；说明小心谨慎、注意安全的好处，另一类是反面宣传画；指出粗心大意、盲目行事的恶果。通过宣传画可以阻止广泛流行的坏习惯，展现安全生产的优越性或对有关安全的特殊问题提供信息，予以劝告或指导。但是宣传画有其局限性，它只给出了危害的印象，没有具体的行为说明。

为了说明事故的全部情节，表示出其环境、起源、危险状况和产生的后果，以及如何预防事故等问题，现在人们已利用电影、电视等来提高人们的安全意识，避免枯燥的命令，使工人更乐于接受。电影可以给出说明，示范试验，分析技术过程，用有条理的方法解决疑难和复杂问题，并用慢动作再现快速的事件序列，使人留下更深刻的印象。但应注意电影所反映的情况应符合正常劳动条件，如实地反映出工人的感觉、习惯和情况。给人虚假的感觉，不但不能保证安全，还会对生产带来不利影响。

幻灯的优越性是只要需要就可以放映，同时能给出更详细的解释，并可以询问问题。

2. 报告、讲课和座谈

报告、讲课和座谈也是安全宣传教育的有力工具。特别是新工人一入厂，通过这种形式的安全教育，可以使他们对安全生产问题有一个概括性的了解，针对事故状况、安全规则、保护措施等问题进行专题讲座，使听众与讲解人有直接交换意见的机会，可以加强宣传教育的效果。

3. 安全竞赛及安全活动

许多企业开展“百日无事故竞赛”,“安全生产××天”等多种形式的活动，可以提高员工安全生产的积极性。可把安全竞赛列入企业的安全计划中去，在车间班组进行安全竞赛，对优胜者给予奖励。当然，竞赛的成功与否不在于谁是优胜者，而在于降低整个企业的事故率。安全活动则包括展览、放映电影、示范表演、竞赛、讨论等。

4. 展览及安全出版物

展览是以非常现实的方式使工人了解危害和怎样排除危害的措施。展览与有一定目的的其他活动结合起来时，可以得到最佳效果。例如，通过展览物，把注意力集中到有关工厂近来发生的

事故上，一个坏砂轮中飞出的砂轮碎片被防护罩挡住，或安全帽保证了人员安全等。这种展览体现了安全预防措施和实用价值。

目前社会上有大量的安全出版物，它们涉及的问题较为广泛。例如，定期出版的安全杂志、通讯、简报，新的安全装置介绍，操作规则等方面的调查和研究成果，以及预防事故的新方法等。

安全宣传资料的其他形式还有小册子和传单、安全邮票上的图示和标语等。应注意，为工人或其家庭出版的安全文献不要只局限于杂志、小册子和传单等。现在，印刷资料的数量很大并稳定地增长，这些文献资料有劳动监察和研究机构的报告、一般安全手册、特殊问题手册（如电力、锅炉和防火）及各种技术小册子、小论文、数据表等。这种科学技术资料不但对监察人员、管理人员、安全工程师、安全协会，而且实际上对负责促进安全工作的每个人都是有益的。

除了上述的方法外，还有许多进行安全宣传教育的方法。如师傅带徒弟、现场教学、制定安全生产合同作为安全生产目标管理的一部分等。

5. 劳动保护教育中心和教育室

很多企业专门建立了劳动保护教育室，这是开展安全知识教育、交流安全生产先进经验的重要场所。充分发挥劳动保护教育中心和教育室的作用，推动安全教育进一步发展。

总之，各个企业要根据单位实际情况，因地制宜，有所创新，才能取得更好的安全教育效果。

三、一般性安全教育

对企业员工进行安全知识教育主要有对企业中的管理和生产岗位两类人员进行安全生产知识的教育。这两类人员中又可以细分，且针对不同类型的人员，教育的重点有所不同。

1. 管理人员安全教育。企业法定代表人和厂长、经理必须参加政府和企业组织的安全生产教育培训，经考核合格后持证上岗。安全教育时间不得少于40学时。安全教育的主要内容是：国家有关劳动安全卫生的方针、政策、法律、法规及有关规章制度，工伤保险法律、法规；安全生产管理职责、企业劳动安全卫生管理知识及安全文化；有关事故案例及事故应急处理措施等内容。

直属企业的安全处（科）长，除参加政府的安全培训并取得上岗资格外，还应参加企业组织的安全培训。企业的安全教育培训主要内容是：国家和企业有关职业安全卫生的方针、政策、法律、法规、制度和标准；安全管理、安全技术、职业卫生和安全文化等知识；易发事故的基本知识；有关事故案例及事故应急管理等。

其他管理负责人（包括职能部门负责人、基层单位负责人）、专业工程技术人员的安全教育培训由人事、教育部门会同安全监督管理部门，按干部管理权限分层次组织实施，经考核合格后方能任职。安全教育培训时间不得少于40学时，安全教育培训的主要内容是：国家和企业有关职业安全卫生的方针、政策、法律、法规、制度和标准；本部门、本岗位职业安全卫生职责；安全管理、安全技术、职业卫生和安全文化等知识；有关事故案例及事故应急管理等。

2. 生产岗位员工安全教育。班组长的安全教育培训由安全监督管理部门组织实施，经考核合格后方能任职。安全教育培训时间不得少于24学时，安全教育培训的主要内容是：国家和集团公司有关职业安全卫生的方针、政策、法律、法规、制度和标准；安全技术、职业卫生和安全文化等知识；本班组和有关岗位的危险危害因素、安全注意事项、本岗位安全生产职责；典型事故案例及事故应急处理措施等。

所有新员工（包括学徒工、外单位调入员工、合同工、代培人员和大中专院校毕业生、技术岗位的季节性临时工等）上岗前应接受三级安全教育，考试合格后方可上岗。进行三级安全教育主要有以下三个步骤：

入厂三级安全教育是指对新招收的员工、新调入员工、来厂实习的学生或其他人员所进行的厂级安全教育、车间安全教育、班组安全教育。

（1）厂部安全教育的主要内容

① 讲解劳动保护的意义、任务、内容和其重要性，使新入厂的员工树立起“安全第一”和“安全生产，人人有责”的思想。

② 介绍企业的安全概况，包括企业安全工作发展史，企业生产特点，工厂设备分布情况（重点介绍接近要害部位、特殊设备的注意事项），工厂安全生产的组织机构，工厂的主要安全生产规章制度（如安全生产责任制、安全生产奖惩条例，厂区交通运输安全管理制度、防护用品管理制度以及防火制度等）。

③ 介绍国务院颁发的《全国员工守则》和企业员工奖惩条例以及企业内设置的各种警告标志和信号装置等。

④ 介绍企业典型事故案例和教训，抢险、救灾、救人常识以及工伤事故报告程序等。

厂级安全教育一般由企业安技部门负责进行，时间为4～16学时。讲解应和看图片、参观劳动保护教育室结合起来，并应发放一本浅显易懂的规定手册。

（2）车间安全教育的主要内容

① 介绍车间的概况。如车间生产的产品、工艺流程及其特点，车间人员结构、安全生产组织状况及活动情况，车间危险区域、有毒有害工种情况，车间劳动保护方面的规章制度和对劳动

保护用品的穿戴要求和注意事项，车间事故多发部位、原因、有什么特殊规定和安全要求，介绍车间常见事故和对典型事故案例的剖析，介绍车间安全生产中的好人好事，车间文明生产方面的具体做法和要求。

② 根据车间的特点介绍安全技术基础知识。如冷加工车间的特点是金属切削机床多、电气设备多、起重设备多、运输车辆多、各种油类多、生产人员多和生产场地比较拥挤等。机床旋转速度快、力矩大，要教育工人遵守劳动纪律，穿戴好防护用品，小心衣服、发辫被卷进机器，手被旋转的刀具擦伤。要告诉工人在装夹、检查、拆卸、搬运工件（特别是大件）时，要防止碰伤、压伤、割伤；调整工夹刀具、测量工件、加油以及调整机床速度均须停车进行；擦车时要切断电源，并悬挂警告牌，清扫铁屑时不能用手拉，要用钩子钩；工作场地应保持整洁，道路畅通；装砂轮要恰当，附件要符合要求规格，砂轮表面和托架之间的空隙不可过大，操作时不要用力过猛，站立的位置应与砂轮保持一定的距离和角度，并戴好防护眼镜；加工超长、超高产品，应有安全防护措施等。

其他部门（如铸造、锻造和热处理车间，锅炉房，变配电站，危险品仓库，油库等）均应根据各自的特点，对新工人进行安全技术知识教育。

③ 介绍车间防火知识，包括防火的方针、车间易燃易爆品的情况、防火的要害部位及防火的特殊需要、消防用品放置地点、灭火器的性能及使用方法、车间消防组织情况、遇到火险如何处理等。

④ 组织新工人学习安全生产文件和安全操作规程制度，并应教育新工人尊敬师傅，听从指挥，安全生产。

车间安全教育由车间主任或安技人员负责，授课时间一般需要 4 ~ 8 学时。

（3）班组安全教育的主要内容

① 本班组的生产特点、作业环境、危险区域、设备状况、消防设施等。重点介绍高温、高压、易燃易爆、有毒有害、腐蚀、高空作业等方面可能导致发生事故的危险因素，交代本班组容易出事故的部位和典型事故案例的剖析。

② 讲解本工种的安全操作规程和岗位责任，重点讲思想上应时刻重视安全生产，自觉遵守安全操作规程，不违章作业；爱护和正确使用机器设备和工具；介绍各种安全活动以及作业环境的安全检查和交接班制度。告诉新工人出了事故或发现了事故隐患，应及时报告领导，采取措施。

③ 讲解如何正确使用爱护劳动保护用品和文明生产的要求。要强调机床转动时不准戴手套操作，高速切削要戴保护眼镜，女工进入车间戴好工作帽，进入施工现场和登高作业必须戴好安全

帽、系好安全带，工作场地要整洁，道路要畅通，物件堆放要整齐等。

④ 实行安全操作示范。组织重视安全、技术熟练、富有经验的老工人进行安全操作示范，边示范、边讲解，重点讲安全操作要领，说明怎样操作是危险的，怎样操作是安全的，不遵守操作规程将会造成的严重后果。

班组安全教育由班组长或安全员负责，授课时间大致为 2 ~ 8 学时。

员工调动工作后应重新进行入厂三级安全教育。单位内工作调动、转岗、下岗再就业、干部顶岗以及脱离岗位六个月以上者，应进行二、三级安全教育，经考试合格后，方可从事新岗位工作。

凡从事特殊工种作业的人员，应按国家有关要求进行专业性安全技术培训，经考试合格，取得特种作业操作证后方可上岗，并定期参加复审。

在新工艺、新技术、新装置、新产品投产前，主管部门应组

织编制新的安全技术操作规程，并进行专门培训。有关人员经考试合格，方可上岗操作。

发生事故时，按《事故管理规定》的要求，对事故责任者和相关员工进行安全教育，吸取教训，落实防范措施，防止类似事故发生。

3. 其他人员的安全教育。非技术岗位且风险小的季节性临时工的安全教育时间不应少于8学时，内容为：生产工艺特点、入厂须知、所从事工作的性质、安全注意事项和事故教训、有关的安全规章制度等。

外来检查人员的安全教育，按相关安全管理规定执行。

参观人员的安全教育，由接待部门负责，内容为本企业的有关安全规定及安全注意事项。

四、日常安全教育

除了定期开展的安全教育培训以外，企业还经常开展以班组为单位的安全教育活动。班组安全教育活动的主要内容是：

（1）学习国家和政府颁发的有关安全生产法令和法规；

（2）学习有关安全生产文件、安全通报、安全技术规程、安全管理制度及安全技术知识；

（3）结合集团公司事故汇编和安全信息，讨论分析典型事故，总结和吸取事故教训；

（4）开展防火、防爆、防中毒及自我保护能力训练，以及异常情况紧急处理和应急预案演练；

（5）开展岗位安全技术练兵、比武活动；

（6）开展查隐患、纠违章活动；

（7）开展安全技术座谈，观看安全教育电影和录像；

（8）其他安全活动。

这些班组安全教育活动更有针对性，要使之经常化、制度化、规范化，防止流于形式和走过场。班组安全教育活动应有领导、有计划、有内容、有记录。对活动形式、内容、要求，安全监督管理部门应有明确规定。企业领导和安全员应对安全活动记录进行检查、签字，并写出评语；安全监督管理部门应定期检查。

班组安全活动每月不少于两次，每次不少于1学时，安全活动时间不应挪作他用。

班组安全活动是班组的一项重要工作，应认真组织，严格考勤制度，保证出勤率，不应无故缺席，有事须经单位领导批准。

第五章 安全生产标准化，一个时代的主题

- 概述
- 安全生产标准化的核心要求
- 实施方法

一、概述

安全生产标准化是指通过建立安全生产责任制，制定安全管理制度和操作规程，排查治理隐患和监控重大危险源，建立预防机制，规范生产行为，使各生产环节符合相关安全生产法律法规和标准规范的要求，人、机、物、环境处于良好的生产状态，并持续改进，不断加强企业安全生产规范化建设。

生产是企业的支柱，安全是企业的生命线。做好安全生产工作，是企业生存发展的基本要求，是事关职工群众生命财产安全、事关企业发展稳定的大事，坚持“安全第一、预防为主、依靠科学、依靠群众”的方针。在实际工作中严格遵守“三不伤害”的原则，确保职工以饱满的热情、努力的工作态度，在各自不同的岗位奉献自己的聪明才智，为企业的发展与辉煌贡献自己一份力量。广大职工群众在生产经营和技改建设活动中牢牢绷紧安全弦，当产量、质量、工程进度和效益与安全发生矛盾冲突时，优先考虑抓好安全工作，别无选择，安全第一。事事处处自觉遵守《安全生产法》，充分发动职工群众与各种各样的不安全行为、现象作斗争，坚决做到一切从安全出发，千方百计杜绝、遏制、消除各种不安全现象，坚持安全生产常抓不懈，让安全生产警钟长鸣。

安全不是生产指标，欠产了可以追回来，违规操作付出的是生命的代价，因违规操作而造成终生残疾的事例有目共睹。本来幸福快乐的家庭因一次工作失误，却一辈子生活在伤痛带来的阴影里，带来了无可弥补的沉重打击。

2010 年 4 月 15 日，国家安全生产监督管理总局发布了《企业安全生产标准化基本规范》安全生产行业标准，标准编

号为 AQ/T 9006—2010，自 2010 年 6 月 1 日起实施。《规范》从目标、组织机构和职责、安全生产投入、法律法规与安全管理制度、教育培训、生产设备设施、作业安全、隐患排查和治理、重大危险源监控、职业健康、应急救援、事故的报告和调查处理、绩效评定和持续改进等 13 个方面为企业制定了安全生产标准化规范。

二、安全生产标准化的核心要求

1．目标

（1）企业根据自身安全生产实际，制定总体和年度安全生产目标。

（2）按照所属基层单位和部门在生产经营中的职能，制定安全生产指标和考核办法。

2．组织机构和职责

（1）组织机构

企业应按规定设置安全生产管理机构，配备安全生产管理人员。

（2）职责

企业主要负责人应按照安全生产法律法规赋予的职责，全面负责安全生产工作，并履行安全生产义务。

企业应建立安全生产责任制，明确各级单位、部门和人员的安全生产职责。

3．安全生产投入

企业应建立安全生产投入保障制度，完善和改进安全生产条件，按规定提取安全费用，专项用于安全生产，并建立安全费用台账。

4．法律法规与安全管理制度

（1）法律法规、标准规范

企业应建立识别和获取适用的安全生产法律法规、标准规范的制度，明确主管部门，确定获取的渠道、方式，及时识别和获取适用的安全生产法律法规、标准规范。

企业各职能部门应及时识别和获取本部门适用的安全生产法律法规、标准规范，并跟踪、掌握有关法律法规、标准规范的修订情况，及时提供给企业内负责识别和获取适用的安全生产法律法规的主管部门汇总。

企业应将适用的安全生产法律法规、标准规范及其他要求及时传达给从业人员。

企业应遵守安全生产法律法规、标准规范，并将相关要求及时转化为本单位的规章制度，贯彻到各项工作中。

（2）规章制度

企业应建立健全安全生产规章制度，并发放到相关工作岗位，规范从业人员的生产作业行为。

安全生产规章制度至少应包含下列内容：安全生产职责、安全生产投入、文件和档案管理、隐患排查与治理、安全教育培训、特种作业人员管理、设备设施安全管理、建设项目安全设施“三同时”管理、生产设备设施验收管理、生产设备设施报废管理、施工和检维修安全管理、危险物品及重大危险源管理、作业安全管理、相关方及外用工管理，职业健康管理、防护用品管理、应急管理、事故管理等。

（3）操作规程

企业应根据生产特点，编制岗位安全操作规程，并发放到相关岗位。

（4）评估

企业应每年至少一次对安全生产法律法规、标准规范、规章

制度、操作规程的执行情况进行检查评估。

（5）修订

企业应根据评估情况、安全检查反馈的问题、生产安全事故案例、绩效评定结果等，对安全生产管理规章制度和操作规程进行修订，确保其有效和适用，保证每个岗位所使用的为最新有效版本。

（6）文件和档案管理

企业应严格执行文件和档案管理制度，确保安全规章制度和操作规程编制、使用、评审、修订的效力。

企业应建立主要安全生产过程、事件、活动、检查的安全记录档案，并加强对安全记录的有效管理。

5. 教育培训

（1）教育培训管理

企业应确定安全教育培训主管部门，按规定及岗位需要，定期识别安全教育培训需求，制定、实施安全教育培训计划，提供相应的资源保证。

应做好安全教育培训记录，建立安全教育培训档案，实施分级管理，并对培训效果进行评估和改进。

（2）安全生产管理人员教育培训

企业的主要负责人和安全生产管理人员，必须具备与本单位所从事的生产经营活动相适应的安全生产知识和管理能力。法律法规要求必须对其安全生产知识和管理能力进行考核的，须经考核合格后方可任职。

（3）操作岗位人员教育培训

企业应对操作岗位人员进行安全教育和生产技能培训，使其熟悉有关的安全生产规章制度和安全操作规程，并确认其能力符合岗位要求。未经安全教育培训，或培训考核不合格的从业人员，不得上岗作业。

新入厂（矿）人员在上岗前必须经过厂（矿）、车间（工段、区、队）、班组三级安全教育培训。

在新工艺、新技术、新材料、新设备设施投入使用前，应对有关操作岗位人员进行专门的安全教育和培训。

操作岗位人员转岗、离岗一年以上重新上岗者，应进行车间（工段）、班组安全教育培训，经考核合格后，方可上岗工作。

从事特种作业的人员应取得特种作业操作资格证书，方可上岗作业。

（4）其他人员教育培训

企业应对相关方的作业人员进行安全教育培训。作业人员进入作业现场前，应由作业现场所在单位对其进行进入现场前的安全教育培训。

企业应对外来参观、学习等人员进行有关安全规定、可能接触到的危害及应急知识的教育和告知。

（5）安全文化建设

企业应通过安全文化建设，促进安全生产工作。

企业应采取多种形式的安全文化活动，引导全体从业人员的安全态度和安全行为，逐步形成为全体员工所认同、共同遵守、带有本单位特点的安全价值观，实现法律和政府监管要求之上的安全自我约束，保障企业安全生产水平持续提高。

6. 生产设备设施

（1）生产设备设施建设

企业建设项目的所有设备设施应符合有关法律法规、标准规范要求，安全设备设施应与建设项目主体工程同时设计、同时施工、同时投入生产和使用。

企业应按规定对项目建议书、可行性研究、初步设计、总体开工方案、开工前安全条件确认和竣工验收等阶段进行规范管理。

生产设备设施变更应执行变更管理制度，履行变更程序，并对变更的全过程进行隐患控制。

（2）设备设施运行管理

企业应对生产设备设施进行规范化管理，保证其安全运行。

企业应有专人负责管理各种安全设备设施，建立台账，定期检维修。对安全设备设施应制订检维修计划。

设备设施检维修前应制订方案。检维修方案应包含作业行为分析和控制措施。检维修过程中应执行隐患控制措施并进行监督检查。

安全设备设施不得随意拆除、挪用或弃置不用；确因检维修拆除的，应采取临时安全措施，检维修完毕后立即复原。

（3）新设备设施验收及旧设备拆除、报废

设备的设计、制造、安装、使用、检测、维修、改造、拆除和报废，应符合有关法律法规、标准规范的要求。

企业应执行生产设备设施到货验收和报废管理制度，应使用质量合格、设计符合要求的生产设备设施。

拆除的生产设备设施应按规定进行处置。拆除的生产设备设施涉及危险物品的，须制定危险物品处置方案和应急措施，并严格按规定组织实施。

7. 作业安全

（1）生产现场管理和生产过程控制

企业应加强生产现场安全管理和生产过程的控制。对生产过程及物料、设备设施、器材、通道、作业环境等存在的隐患，应进行分析和控制。对动火作业、受限空间内作业、临时用电作业、高处作业等危险性较高的作业活动实施作业许可管理，严格履行审批手续。作业许可证应包含危害因素分析和安全措施等内容。

企业进行爆破、吊装等危险作业时，应当安排专人进行现场安全管理，确保安全规程的遵守和安全措施的落实。

（2）作业行为管理

企业应加强生产作业行为的安全管理。对作业行为隐患、设备设施使用隐患、工艺技术隐患等进行分析，采取控制措施。

（3）警示标志

企业应根据作业场所的实际情况，按照 GB 2894 及企业内部规定，在有较大危险因素的作业场所和设备设施上，设置明显的安全警示标志，进行危险提示、警示，告知危险的种类、后果及应急措施等。

企业应在设备设施检维修、施工、吊装等作业现场设置警戒区域和警示标志，在检维修现场的坑、井、洼、沟、陡坡等场所设置围栏和警示标志。

（4）相关方管理

企业应执行承包商、供应商等相关方管理制度，对其资格预审、选择、服务前准备、作业过程、提供的产品、技术服务、表现评估、续用等进行管理。

企业应建立合格相关方的名录和档案，根据服务作业行为定期识别服务行为风险，并采取行之有效的控制措施。

企业应对进入同一作业区的相关方进行统一安全管理。

不得将项目委托给不具备相应资质或条件的相关方。企业和相关方的项目协议应明确规定双方的安全生产责任和义务。

（5）变更

企业应执行变更管理制度，对机构、人员、工艺、技术、设备设施、作业过程及环境等永久性或暂时性的变化进行有计划的控制。变更的实施应履行审批及验收程序，并对变更过程及变更所产生的隐患进行分析和控制。

8. 隐患排查和治理

（1）隐患排查

企业应组织事故隐患排查工作，对隐患进行分析评估，确定隐患等级，登记建档，及时采取有效的治理措施。

法律法规、标准规范发生变更或有新的公布，以及企业操作条件或工艺改变，新建、改建、扩建项目建设，相关方进入、撤出或改变，对事故、事件或其他信息有新的认识，组织机构发生大的调整的，应及时组织隐患排查。

隐患排查前应制定排查方案，明确排查的目的、范围，选择合适的排查方法。排查方案应依据：有关安全生产法律、法规要求；设计规范、管理标准、技术标准；企业的安全生产目标等。

（2）排查范围与方法

企业隐患排查的范围应包括所有与生产经营相关的场所、环境、人员、设备设施和活动。

企业应根据安全生产的需要和特点，采用综合检查、专业检查、季节性检查、节假日检查、日常检查等方式进行隐患排查。

（3）隐患治理

企业应根据隐患排查的结果，制订隐患治理方案，对隐患及时进行治理。

隐患治理方案应包括目标和任务、方法和措施、经费和物资、机构和人员、时限和要求。

重大事故隐患在治理前应采取临时控制措施并制订应急预案。

隐患治理措施包括：工程技术措施、管理措施、教育措施、防护措施和应急措施。

治理完成后，应对治理情况进行验证和效果评估。

（4）预测预警

企业应根据生产经营状况及隐患排查治理情况，运用定量的安全生产预测预警技术，建立体现企业安全生产状况及发展趋势的预警指数系统。

9. 重大危险源监控

（1）辨识与评估

企业应依据有关标准对本单位的危险设施或场所进行重大危险源辨识与安全评估。

（2）登记建档与备案

企业应当对确认的重大危险源及时登记建档，并按规定备案。

（3）监控与管理

企业应建立健全重大危险源安全管理制度，制定重大危险源安全管理技术措施。

10. 职业健康

（1）职业健康管理

企业应按照法律法规、标准规范的要求，为从业人员提供符合职业健康要求的工作环境和条件，配备与职业健康保护相适应的设施、工具。

企业应定期对作业场所职业危害进行检测，在检测点设置标识牌予以告知，并将检测结果存入职业健康档案。

对可能发生急性职业危害的有毒、有害工作场所，应设置报警装置，制定应急预案，配置现场急救用品、设备，设置应急撤离通道和必要的泄险区。

各种防护器具应定点存放在安全、便于取用的地方，并有专人负责保管，定期校验和维护。

企业应对现场急救用品、设备和防护用品进行经常性的检维修，定期检测其性能，确保其处于正常状态。

（2）职业危害告知和警示

企业与从业人员订立劳动合同时，应将工作过程中可能产生的职业危害及其后果和防护措施如实告知从业人员，并在劳动合同中写明。

企业应采用有效的方式对从业人员及相关方进行宣传，使其了解生产过程中的职业危害、预防和应急处理措施，降低或消除危害后果。

对存在严重职业危害的作业岗位，应按照 GBZ 158 要求设置警示标识和警示说明。警示说明应载明职业危害的种类、后果、预防和应急救治措施。

（3）职业危害申报

企业应按规定，及时、如实向当地主管部门申报生产过程存在的职业危害因素，并依法接受其监督。

11．应急救援

（1）应急机构和队伍

企业应按规定建立安全生产应急管理机构或指定专人负责安全生产应急管理工作。

企业应建立与本单位安全生产特点相适应的专兼职应急救援队伍，或指定专兼职应急救援人员，并组织训练；无须建立应急救援队伍的，可与附近具备专业资质的应急救援队伍签订服务协议。

（2）应急预案

企业应按规定制定生产安全事故应急预案，并针对重点作业岗位制定应急处置方案或措施，形成安全生产应急预案体系。

应急预案应根据有关规定报当地主管部门备案，并通报有关应急协作单位。

应急预案应定期评审，并根据评审结果或实际情况的变化进行修订和完善。

（3）应急设施、装备、物资

企业应按规定建立应急设施，配备应急装备，储备应急物资，并进行经常性的检查、维护、保养，确保其完好、可靠。

（4）应急演练

企业应组织生产安全事故应急演练，并对演练效果进行评估。根据评估结果，修订、完善应急预案，改进应急管理工作。

（5）事故救援

企业发生事故后，应立即启动相关应急预案，积极开展事故救援。

12. 事故报告、调查和处理

（1）事故报告

企业发生事故后，应按规定及时向上级单位、政府有关部门报告，并妥善保护事故现场及有关证据。必要时向相关单位和人员通报。

（2）事故调查和处理

企业发生事故后，应按规定成立事故调查组，明确其职责与权限，进行事故调查或配合上级部门的事故调查。

事故调查应查明事故发生的时间、经过、原因、人员伤亡情况及直接经济损失等。

事故调查组应根据有关证据、资料，分析事故的直接、间接原因和事故责任，提出整改措施和处理建议，编制事故调查报告。

13. 绩效评定和持续改进

（1）绩效评定

企业应每年至少一次对本单位安全生产标准化的实施情况进行评定，验证各项安全生产制度措施的适宜性、充分性和有效性，检查安全生产工作目标、指标的完成情况。

企业主要负责人应对绩效评定工作全面负责。评定工作应形

成正式文件，并将结果向所有部门、所属单位和从业人员通报，作为年度考评的重要依据。

企业发生死亡事故后应重新进行评定。

（2）持续改进

企业应根据安全生产标准化的评定结果和安全生产预警指数系统所反映的趋势，对安全生产目标、指标、规章制度、操作规程等进行修改完善，持续改进，不断提高安全绩效。

三、实施方法

1. 打基础，建章立制

按照《企业安全生产标准化基本规范》要求，将企业安全生产标准化等级分为一、二、三级。各地区、各有关部门要分行业（领域）制定安全生产标准化建设实施方案，完善达标标准和考评办法，并将本地区、本行业（领域）安全生产标准化建设实施方案报国务院安委会办公室。企业要从组织机构、安全投入、规章制度、教育培训、装备设施、现场管理、隐患排查治理、重大危险源监控、职业健康、应急管理以及事故报告、绩效评定等方面，严格对应评定标准要求，建立完善安全生产标准化建设实施方案。

2. 重建设，严加整改

企业要对照规定要求，深入开展自检自查，建立企业达标建设基础档案，加强动态管理，分类指导，严抓整改。对评为安全生产标准化一级的企业要重点抓巩固、二级企业着力抓提升、三级企业督促抓改进，对不达标的企业要限期抓整顿。各地区和有关部门要加强对安全生产标准化建设工作的指导和督促检查，对问题集中、整改难度大的企业，要组织专业技术人员进行“会诊”，提出具体办法和措施，集中力量，重点解决；要督促企业做到隐患排查治理的措施、责任、资金、时限和预案“五到位”，对存在重大隐患的企业，要责令停产整顿，并跟踪督办。对发生较大以上生产安全事故、存在非法违法生产经营建设行为、重大隐患限期整顿仍达不到安全要求，以及未按规定要求开展安全生产标准化建设且在规定限期内未及时整改的，取消其安全生产标准化达标参评资格。

3. 抓达标，严格考评

各地区、各有关部门要加强对企业安全生产标准化建设的督促检查，严格组织开展达标考评。对安全生产标准化一级企业的评审、公告、授牌等有关事项，由国家有关部门或授权单位组织实施，二级、三级企业的评审、公告、授牌等具体办法，由省级有关部门制定。各地区、各有关部门在企业安全生产标准化创建中不得收取费用。要严格达标等级考评，明确企业的专业达标最低等级为企业达标等级，有一个专业不达标则该企业不达标。

各地区、各有关部门要结合本地区、本行业（领域）企业的实际情况，对安全生产标准化建设工作作出具体安排，积极推进，成熟一批、考评一批、公告一批、授牌一批。对在规定时间内经整改仍不具备最低安全生产标准化等级的企业，地方政府要依法责令其停产整改直至依法关闭。各地区、各有关部门要将考评结果汇总后报送国务院安委会办公室备案，国务院安委会办公室将适时组织抽检。

第六章
珍爱生命，从现场安全开始

- 现场管理的问题及注意
- 主要战场在班组
- 作业标准化
- 工作现场管理法

生产现场是企业生产的主战场，统计表明习惯性违章主要产生于生产现场，95%以上的事故是发生在生产现场。所以，加强生产现场的安全管理对于防止班组产生各种习惯性违章，推动安全作业十分重要。

一、现场管理的问题及注意

1. 生产现场管理的重要性

良好的现场管理对于整个生产型企业的生产十分重要。现场是企业活动的第一线，无论什么问题，都是直接来自现场，出现问题时如不及时采取对应的措施，任其发展，很容易向坏的方向发展。了解一个企业管理水平的高低，就看其现场管理水平的高低。

企业的现场管理水平是企业的形象、管理水平和精神面貌的综合反映，是衡量企业素质及管理水平高低的重要标志。搞好生产现场管理，有利于企业增强竞争力，改善生产现场，消除“跑、冒、漏、滴”和“脏、乱、差”状况，对提高产品质量、保证安全生产、提高员工素质、提高企业管理水平、提高经济效益、增强企业竞争力具有十分重要的意义。

2. 生产现场管理中的一些问题

（1）人的因素难以实现全面有效控制

生产现场的操作型工序产品一般均具有劳动密集的特性，投入劳动力众多，故难以对每个操作人员实现有效控制。在生产过程中，由于个别操作人员违规操作所引起的质量问题屡见不鲜。因此，怎样实现对操作人员全面有效控制对企业而言是一个必须解决的难题。

（2）安全意识不高，责任不明确

安全意识是做好生产现场安全工作的关键，现场作业的安全

工作是关系到整个生产进程的工作。但是生产现场的管理人员往往注重抓生产，而忽略或者没有足够重视现场安全工作，未能将现场安全工作摆到应有位置，未能真正认识到安全生产责任重大。对国家有关安全生产和行业的法律、法规、规范、文件等没有深入学习，而且不能及时传达贯彻和落实到生产现场，导致作业人员安全生产知识贫乏。

（3）对物的因素较难实现全面控制

生产中投入设备、材料的面广量大，对物的因素较难实现全面控制。实践工作中，企业的安全管理人员经常感到工业化的设备及批量产品质量离散性小，往往通过产品书面检验及试验测试产品质量即可得到评判及控制。但多数操作型工序所用材料，如砂、石、砖等的质量离散性较大，加之材料往往随时使用，如何实现对于物的实时、全面、有效的控制也是一个不容忽视的安全问题。

3. 加强企业现场管理的原则

（1）经济效益原则

生产现场管理一定要克服只抓进度和质量而不计安全的思想意识，从而形成单纯的生产观和进度观。项目部应在精品奉献、降低成本、拓展市场等方面下工夫，并同时在生产经营诸要素中，时时处处精打细算，力争少投入多产出，坚决杜绝浪费和不合理开支。

（2）科学合理原则

施工现场的各项工作都应当按照既科学又合理的原则办事，以期做到现场管理的科学化，真正符合现代化大生产的客观要求。还要做到操作方法和作业流程合理，现场资源利用有效，现场设置安全科学，员工的聪明才智能够充分发挥出来。

（3）标准化规范化原则

标准化、规范化是对施工现场的最基本管理要求。事实上，为了有效协调地进行施工生产活动，施工现场的诸要素都必须坚决服从一个统一的意志，克服主观随意性。只有这样，才能从根本上提高施工现场的生产、工作效率和管理效益，从而建立起一个科学而规范的现场作业秩序。

4. 搞好生产现场管理的对策

（1）要抓好安全管理人员的素质建设

人是直接参与生产的组织者、指挥者和操作者。调动人的积极性、创造性，增强人的责任感，树立主人翁的观念，提高人的素质，避免人为的失误，以人为本。在这方面主要要做以下几方面的工作：首先，加强对人的安全意识教育，使参加安全管理的员工懂得安全管理的重要性，即管理产生安全，安全产生效益；其次，根据各个生产环节的特点，在使用人方面从思想素质、技术能力、管理水平素质等方面考虑，实行全面控制，根据人的技术水平、管理水平，人的心理行为控制人的使用，量人所用，从而提高生产现场的管理能力。

（2）保护现场工作人员，做好安全工作

安全是生产现场管理的前提和保证。加强安全管理必须对每个人做好三级安全教育，使之对安全生产有个清楚的认识。要进一步提高生产现场的安全意识和责任感，坚持以人为本，做到安全无小事，始终把现场安全工作放在重中之重，作为最主要工作来抓。切实加强领导，落实安全生产职责，加强对现场安全工作的管理，切实提高生产现场安全管理水平。同时，制定好安全管理细则，严格执行有关制度，使安全管理落到实处。

（3）合理使用材料和设备，做好保护工作

考虑到资金的时间价值，减少资金占用，合理确定进货批量和批次，尽可能降低材料储备。坚持按定额确定的材料消耗量，实行限额领料制度，认真计量验收，同时坚持余料回收，降低料耗水平。此外，由于生产现场的劳动生产率在很大程度上受现场

材料流动情况的影响，因此应将材料储存场地选在对生产现场影响最小并靠近安装地点的地方，选择好交货路线，以避免对作业造成影响。同样地，材料在安装前应进行适当保护。

在设备管理方面，应充分利用现有机械设备进行内部合理调度，力求提高机械利用率。在机械配套选型中，注意一机多用，减少设备维修养护人员的数量和设备零星配件的费用。

将以上对策综合说来，就是在企业中推行作业标准化建设，按照“6S”来进行高标准、严要求，维护生产现场的安全与稳定。

二、主要战场在班组

班组是企业最基层的生产单元，是企业开展生产经营活动的基本细胞。也是企业各项工作的落脚点和执行者，生产现场也主要集中在班组。所以，加强生产现场管理主要战场在班组。

1. 班组长在现场管理中的作用

班组长在企业中扮演着生产组织者、参与者、执行者的多重角色，是公司各项工作实现的关键。作为现场管理的一线指挥者，班组长在生产和管理中扮演着重要的角色，他们能力水平的高低直接影响到产品的质量、成本、交期、效率、安全生产和员工士气，他们不仅承担着这些重要任务，还要上下沟通协调，管理好团队，需要有较高的管理能力与沟通能力。

对任何一个企业而言，基层操作人员与管理人员的培养都是相当重要的。基层操作人员与管理人员直接对企业的生产安全、产品质量、产量负责，是生产过程的实施元素。因此，培养班组长做好基层管理工作是很重要的。

要通过观察确定班组长的候选人。班组长是企业生产最基层的管理者，其必须具备优秀的业务水平、良好的人际关系、较好的管理能力。在我国，大多数班组长都来自于生产一线，在他们还是普通工人的时候，便经常细心地发现生产中的问题，使自己的业务水平不断提高，最主要的还在于摆正了自己的位置，认识到自己的不足，安下心来，踏实工作，得到了更快的成长，抓住得来不易的脱颖机会。

2. 班组的现场管理

搞好班组建设、提高班组现场管理水平，应主要做好以下几项工作：

（1）提高对加强班组生产现场管理重要性的认识。生产现场管理是企业管理的重要组成部分，是企业管理素质的集中表现。

通过现场管理的好坏，即可判断出企业广大职员素质和管理水平、产品质量的可信赖程度、企业可协作程度的高低。而班组又是企业生产现场管理的前沿阵地，所以，提高企业的班组生产现场管理水平，是企业自身发展的需要。

（2）营造良好的工作氛围，为班组建设奠定基础。良好的工作氛围包括整洁的作业现场、安全的工作环境、融洽的人际关系、团队的合作精神。一个良好的工作环境能有效保证员工的思想稳定，提高员工的工作热情，更加有利于班组凝聚力、战斗力的生成。为此，应做好以下工作：①关心员工。领导和员工之间应融洽相处，关心员工生活和工作，为员工办实事，改善员工生活水平，增强企业凝聚力。②加强民主管理。生产期间，应定期召开民主生活会，要求全班员工都要积极提出一些合理化建议，充分发挥民主监督作用。

（3）加强“6S”管理。在班组生产现场管理中，通过导入“6S”管理活动（清理、整顿、清扫、清洁、素养、安全），形成以班组管理为活动平台，以人的素养为核心因素，以清理、整顿、清扫和清洁为环境因素，以安全、环保为目标因素的生产现场动态管理系统，从而为员工创造一个安全卫生舒适的工作

环境。

（4）发挥班组长的作用。作为班组长，在企业中充当的是一个兵头将尾的角色，通过合理运用手中的权力，调动每个员工的工作积极性，使班组充满活力，为此必须做好班组长的选拔、培训、考核、激励等工作。班组长要做好表率。在班组建设中表率是指班组长的“自治”行为，在班组做表率不仅是让组员效仿，还是衡量班组长是否合格的基本标准。

（5）强化教育培训，提高员工的素质。加强教育培训，主要是指对班组进行技能、安全生产、岗位职责和工作标准等方面的教育培训，同时将培训成绩记入个人档案，与个人的工资、奖金、晋级、提拔挂钩。

（6）开展班组达标管理工作。企业应制定可操作性的达标标准，标准内容力求系统考虑、整体推进、分步实施，同时应把班组达标工作的总目标分解到每个员工，通过强化考核、细化管理，确保企业总体工作目标的完成。为配合企业推进达标工作，企业还应建立有效的激励机制，鼓励先进班组和个人。

（7）健全组织、权责分明、加强领导。为切实加强组织领导，保证班组建设工作健康有序地进行，应成立班组建设工作领导小组，行使指导和监督的职能。领导小组由企业主要负责人任组长，分管领导任副组长，各职能部门的负责人为组员。在班组建设工作领导小组下成立班组建设工作考核工作小组，具体负责班组达标管理等班组建设工作的检查督促和考核奖惩工作。

（8）健全班组生产现场管理体制。班组不管大小，要建立以班组长、党团小组长、政治宣传员等为核心的班委会。班委会的任务是确定班组建设目标，为开好班组会做准备。另外还要建立“工管员”制度，“工管员”一般包括质量管理员、考勤员、工具材料员、文明生产员、劳保生活员，管理落实到人头，形成人人有事干、事事有人管。

① 建立一套现场管理制度（标准）和检查考评制度。要对班组生产现场进行规范化管理，使班组工作进入有序管理的状态，就要制定相应的管理标准，包括生产现场管理标准化。生产现场管理必须从基础抓起，即从制定工作标准、完善工作标准和真正贯彻执行及考核工作标准着手。生产现场的工作标准可以分解成三个有明显区别的部分：一是管理工作标准，二是工作程序标准，三是工作人员工作标准。

② 加强班组内部基础管理。建立各类基础管理台账、报表制度及工序奖惩考核办法；注重半成品库的基础管理工作，起到前道控制、后道监督的作用；充分利用电脑等现代化设备，使各类统计报表及生产任务单的下达均取代手工操作，提高工作效率等。通过这些基础管理，促进班组管理工作日趋规范。

③ 建立健全班组生产现场管理规章制度。包括围绕生产、安全、技术和思想政治工作所制定的各种规章制度、条例、程序、办法等，如巡回检查制度、交接班制度、工作票制、岗位责任制度、安全责任制度、技术培训制度等，并且要规范统一，落到实处。

总之，搞好班组的现场管理，一是要从班组实际出发，选择好突破口，有计划地解决现场管理中存在的突出问题；二是要针对班组生产现场的各种作业进行分析，寻求最经济、最有效的作业程序和作业方法；三是定期对实施结果进行评价，不断推动班组工作的步步深入。

三、作业标准化

所谓作业标准化，就是对在作业系统调查分析的基础上，将现行作业方法的每一操作程序和每一动作进行分解，以科学技术、规章制度和实践经验为依据，以安全、质量效益为目标，对作业过程进行改善，从而形成一种优化作业程序，逐步达到安全、准确、高效、省力的作业效果。

很多企业已经认识到推广标准化的意义，早早便开始了探索。如山西潞安矿业（集团）公司，于1991年编制了《岗位标准化作业标准》，并在全国煤炭行业率先推行了岗位标准化作业。通过10余年的实践，员工的操作行为逐步实现规范化，“三违”事故大幅下降，安全状况保持稳定。

1. 可资借鉴的简单标准

（1）安全标准化的基本要求

建立健全安全生产管理体制，明确安全负责人，并明确分工，按各自职责范围和要求开展工作。

安全管理目标明确具体，“人人不违章，班组无轻伤”，不发生火灾、爆炸、工艺操作、机电设备、污染、交通事故等。

所有人做到“八懂四会”，即懂规章制度、懂安全技术知识、懂岗位操作法、懂设备结构和性质、懂工艺流程及原理、懂职业危害和防治、懂防火防爆知识、懂伤亡事故报告和伤亡急救知识；会操作设备保养设备、会预防事故和排除故障、会正确使用防护用品、会使用灭火器材。

（2）标准化管理标准

建立健全事故、违章、违纪和避免事故考核台账并认真记录，严格考核；合理化建议和对安全生产有贡献的人员台账；安全检查及隐患整改台账；安全活动记录；安全讲话记录；安全教育和学习记录。

认真做好安全教育，认真开展安全活动，做到人员、时间、内容、制度、效果落实。严格执行班前安全讲话、班中安全检查、班后安全讲评制度。工作前开展危险预知，确保安全生产。

着装标准，并严格按岗位标准作业。

严格执行岗位责任制为中心的各项制度，即岗位责任制、安全生产责任追究制度、设备维护保养制度、交接班制度、巡回检查制、质量责任制等。

严格执行班前班后会的程序。

（3）标准化操作标准

上岗人员必须做到人、岗、证相吻合。

认真进行巡回检查，做到定时、定点、定线路、定内容，挂检查标志牌。

按时记录，字迹清晰，差错率在0.2%以下。

精心操作，做到勤调节、勤联系、勤检查。

坚守岗位，做到不脱岗、不睡岗、不做与工作无关的事情。

搞好设备维护保养。

交接班必须严格执行规定。

2. 标准化作业的执行

标准化作业不仅仅是口号，也不仅仅是撰写大量的标准化作业文档。关键还在于作业的规范化、作业的指导以及作业的监督上。如何让员工按标准化作业？标准制定出来了，如何让员工自觉地执行，并成为一种好习惯，这是每一个管理者所面临的难题。在这里，我们总结了一些标准执行得较好的单位，他们主要经验总结起来有以下几条。

（1）第一条：灌输遵守标准的意识

就是培训，首先在日常的管理过程中要向每一位组员反复地输入这样的理念，标准人人都要遵守，而作为领导者更要成为遵守标准的楷模。这样才会形成一种以遵守标准为荣的良好风气。

（2）第二条：全员要理解标准化的意义

按照标准作业时，不良、浪费、交货延迟三方面的情况都为零，所以也叫“三零”工程。全员都要彻底地深入理解这个意义，并展开教育与培训。

（3）第三条：现场指导跟踪确认

做什么？如何做？重点在哪里？班组长应该对组员传授到位。仅教会还不行，还要跟进确认一段时间，看看是否真会，结果是否稳定，这就是一个操作标准，或一个文件，或一个工序的操作标准。如果只是口头交代，甚至没有去跟踪的话，那这种标准执行起来也是不会成功的。现场管理者的任务就是让标准成为员工的本领。

（4）第四条：宣传的揭示

一旦设定了标准的作业方法就要在宣传板上把它展示出来，让所有的员工都知道，也都能充分地理解，并且遵循这个标准去执行。

（5）第五条：标准作业的方法要显示在很显眼的位置

能引人注意，也能便于与实际的标准进行比较。作业指导书则要放在作业者随手就可以拿到的地方，把标准放在谁都能看到的地方，这是务实管理的精髓。

（6）第六条：标准化作业的监控

制定了标准化作业规范和流程后需要多种手段来确认标准化作业的执行情况。可采用资料会签、作业签字、全流程监控等多种方式来保证标准化作业落到实处。通过对作业的监控为标准化作业增加强制手段。

(7) 第七条：对违反的行为要严厉地指责

对于那些不遵守标准作业要求的行为，一旦发现就要立刻毫不留情地予以指正，并马上纠正其行为。

(8) 第八条：要定期地检查修正

或是叫定期检讨修正，企业要不断地推动作业水平提高，定期地召开一些改善检讨会，介绍近阶段改善的一些事项或成果，以及明确地规定今后的一些改善方向，对于效果不明显的措施，需重新评价，设定新的标准。

(9) 第九条：向新的作业标准挑战

通过现状的作业情况找出问题点来实施改善，修订成为新的作业标准。同时要学习其他改善重点，以便从实际出发进行改善。

很多企业的实践证明，作业标准化做得越好，对员工技能的依赖越低；标准化作业做得越好，越有时间继续推进改善优化；不断改善和优化的结果，是使企业作业标准化体系不断完善并得到动态维护。这是一个良性循环的过程。尤其市场需求的变化越来越快，一线员工流动率越来越高，随着人工成本的升高，一人多机的用工方式又成为必然，在目前的市场环境和社会环境中，想要保持高质量、高效率、低成本和快速应变的竞争优势，标准化作业管理显得至关重要。

四、工作现场管理法

1. “6S”管理法

“6S”管理法是由“5S”管理法扩展而来，它更强调“安全”，要求贯彻“安全第一，预防为主，综合治理”的方针，在生产工作中，确保人身、设备、设施安全，创造出安全生产的环境。“6S”是指清理（Seiri）、整顿（Seiton）、清扫（Seiso）、清洁（Seiketsu）、素养（Shitsuke）、安全（Safety），它是基于如何提升效率，减少不增值活动而产生的，对于降低成本、安全生产、高度的标准化、创造令人舒畅的工作场所、现场改善等方面发挥着巨大的作用。

清理：区分用与不用的物品，要用的物品留下来，不用的物品清理掉；

整顿：把工作场所内需用的物品依规定定位，定量摆放整齐，并进行明确标识；

清扫：清除工作场所内的脏污，并防止脏污的发生，保持工作场所干净亮丽；

清洁：将整理、整顿、清扫的做法制度化、规范化，并维持成果；

素养：人人养成好习惯，依规定行事，培养积极进取精神；

安全：清除一切不安全因素，采取系统的措施保证员工的人身安全和生产正常进行。

推行“6S”，不仅能改善生产环境、提高产品品质，更重要的是通过推行“6S”能改善员工精神面貌，提升员工士气，还能增强顾客的满意度，提升企业的美誉度和竞争力。

（1）实施小技巧

① 现场物品清理

在生产现场，对机器、工具、物料等各种生产资料实施清理过程中，对“要”与“不要”的物品必须制定相应的判别基准，便于在清理活动中进行操作。哪些物品“需要”，哪些物品“不需要”，对现场上的一切无用之物坚决清理掉，这样达到解决现场物品乱堆乱放、占据空间、影响生产安全的问题。而且，对于物品的使用以及放置也可以作专门规定，使生产现场运转有条不紊。

② 全员大扫除

全员大扫除是实施“6S”清理阶段的重要一环，也是清理内涵的展开。各个组员依据“6S”活动平面图，在各自的责任区内进行扫除，并填写不要物品清理清单，汇总后报班组长审核。通过全员大扫除，使全体组员体会到活动带来的新面貌，有一种成就感的喜悦。

③ 组织监督检查

“6S”的评比和考核是“6S”活动中必不可少的一项工作，这项工作如果进行得好的话，将会对活动起到推波助澜的作用，使“6S”活动由形式化向行事化、习惯化方面转化。检查评比的目的不是为了惩罚班组或个人，目的是通过监督帮助员工认清还有哪些工作没有做好，督促人人做好“6S”，并最终形成个人的做事习惯。

④ 制定现场指导书

根据以上大致要求，制定生产现场作业指导，主要是对存放于生产现场的各项物品进行条理安排，包括：清洁用具的摆放方法；通道画线方法；物品放置位置画线方法；消防器材、配电箱柜画线方法；标识规格和颜色使用规定；工具保管方法；电动、机械工具摆放方法；设备安全操作规程；员工着装规定；废弃物处理管理规定等。

通过对这些生产现场工具及人员的具体管理，可以使现场人员更安全，使生产更有效率。

⑤ 开展提升活动

班组长可以召开班组会议，鼓励组员提出改善的建议，通过改善提案活动，实现员工的自主管理，促使员工能关注身边的问

题并提出改善方案，从而提升全体员工的整体素质。如为了使检查对象的状态视觉化、透明化和定量化、色彩化，可以推行目视管理，把现场潜在的问题显现出来，对症下药，使各项工作一目了然，工作变得更加顺畅；为了使每位员工分享“6S”活动所带来的成就感，可以举办征文活动等。

（2）5点注意

“6S”绝不能流于搞形式，在推行中，要实事求是，找对方法、循序渐进并持之以恒；

“6S”推行不是一个人或一个部门的事，事关全体班组成员，乃至是企业员工的日常行为规范，“6S”要求全员参与、全员贯彻、全员改进，逐步养成规范、有序、革除马虎之心的良好习惯；

“6S”工作不是阶段性的专项工作，不是一阵风的突击，而是需要持续有效的深入推进，使得“6S”的宣贯、执行、检查、纠正、改进循环成为日常工作；

在“6S”的开展过程中，所有员工要相互提醒，互为镜子，帮助他人也规范自己；

“6S”在推行中要不断总结、不断改进，最终形成一种企业的文化沉淀。

许多管理工作是相辅相成的，搞好“6S”管理对推行质量/环境/职业健康安全管理体系有很大的帮助。“6S”活动中的每一个环节均与质量、环境、职业健康安全有着密切的联系。企业的“6S”管理、质量管理、环境管理和职业健康安全管理可以形成一套整合性的管理体系文件，从而使企业的运行更加顺畅、快捷。

2. 生产现场7SEA管理法

（1）生产现场7SEA管理的理论基础

7SEA现场管理法也是在“5S”管理法的基础上进一步完善

发展起来的，它是以系统论为模型，把生产现场视为一个动态的系统，以人本管理思想为核心内容，又融入了 ISO 9002 质量体系的管理要素，ISO 14001 环境管理体系中的管理要素和持续改进概念，精益生产、清洁生产和安全生产的思想，现场的目视管理法等，最终形成的动态管理方法。

现场是由各生产要素所构成的，现场管理是对人、机、料、法、环境、信息、制度等生产要素的综合管理，而人是现场管理中诸要素的核心，我们强调人的“自我管理”，在此基础上对生产现场中诸要素进行整体优化，使生产现场中诸要素形成一个自然、和谐、和睦、和顺的有机整体，始终处于受控状态，保证生产的安全有序进行。

（2）7SEA 生产现场管理的基本内涵及特征

① 基本内涵

传统的生产现场，除受生产制造部门的直接领导外，还必须在某种程度上接受技术、质量、设备、安全、计划等职能部门的专项管理，各部门都强调自身的重要性，导致生产现场在某种程度上成为各种利益冲突的场所，部分削弱了现场管理的功效。那么有没有一种管理方法可以有效地解决这个问题呢？

7SEA 生产现场管理法就是采用系统论的方法，把生产现场作为一个动态系统来研究，在原有的“6S”管理的基础上，把一些互不联系的、分散的管理理论、思想和方法，用系统论的方法进行整合，从而在企业的生产现场建立起一个新型动态管理系统，它是多种先进管理思想和企业实际情况相结合的产物，是多年实践经验的总结和升华。

生产现场 7SEA 管理系统，就是以“6S”管理为基础，以高素质的员工队伍为保证，以系统理论为指导思想，在生产现场建立的一种全员参加的对全部生产要素进行综合管理立体控制的管理系统。它是依据系统的观点，把生产现场的要素视为相互联系作用的有机整体，作为系统来研究和运行，从而超越了传统的单纯依靠制约型的管理模式，把强制性实施的管理制度发展成为在动态系统内员工自觉的行为，使系统内的各要素具有了“自我调整”和“自我完善”的意识，使系统在不断自我调整中达到最佳状态。

② 特征

生产现场 7SEA 动态管理系统具有以下特性：

a. 整体性和协调性：按照系统管理的原则，追求各要素间的最佳组合，克服了多头专项管理的各自为政弊端，使系统的整体大于各部分的总和。

b. 目的性和反馈性：把各专项管理的目标纳入生产现场目标

管理体系中，在系统整体优化的前提下，使各种科学和技术成果在系统内得到综合运用和优化，保证生产现场始终处于有序的状态中。当出现失控情况时，要通过规定的途径进行反馈，用管理手段加以解决，及时恢复受控状态。

c. 动态性和开放性：动态的系统为了保持生命力，不仅生产要素在不停地运动，管理方法也需要不断调整，而且必须对外开放，和公司的职能管理部门持续进行物质和信息的交换，以便进行自我完善。

d. 激励性和自主性：并不是传统意义上的自上而下的管理，而是逐步过渡为员工“自我教育、自我提高、自我约束、自我实现”的自我管理机制，突出员工在现场管理中的主体作用和自我改善精神，最大限度地激励和释放员工的积极性和创造性，使系统不断得到完善，是一种互动性管理。

e. 可靠性和预防性：通过强有力的管理手段和员工的自主行动，不仅使生产现场能在正常状态下运行，而且能保证在非常状态下的快速有效应变，并能起到预防各种问题发生的作用。

（3）生产现场 7SEA 管理法的要素和相互关系

① 管理要素

7SEA 现场管理法中的字母分别是“素养”、“清理”、“整顿”、“清扫”、“清洁”、“安全”、“节约”、“环保”和“活动”的英文开头字母，也是构成 7SEA 管理法的要素。

而关于“素养、清理、整顿、清扫、清洁、安全”这几项内容在前文已有介绍，这里我们主要介绍其余几项。

a. 节约（Save），它是对清理工作的补充和指导，而且是对时间、空间、能源等方面加以合理利用，以发挥它们的最大效能，从而创造一个高效率的物尽其用的工作场所。实施时应该秉承三个观念：能用的东西尽可能利用；以自己就是主人的心态对待企业的资源；切勿随意丢弃，丢弃前要思考其剩余使用价值。

b. 环保（Environmental protection），随着全民对环境保护问题的日益重视，环保意识日益增强，可持续发展作为人类的一种新的发展模式，得到广泛的接受和认可，而清洁生产是实现可持续发展的关键和先决条件，正日益被肯定为走向可持续发展的一种必需方案，在生产现场通过对污染的事前预防和全过程控制，不仅使生产现场环境得到保障，而且源源不断地向社会提供环保产品，贡献于人类和地球。

c. 活动（Activity），指生产现场的班组管理活动，是生产现场 7SEA 管理方法的最后一个组成部分。任何组织中的工作，都必须由人来通过作业活动和管理活动进行实施，才能完成组织的目标，而活动的有效性是极其重要的。系统通过输入、处理、反馈和输出四个环节对各要素进行处理，本身就是一种活动，活动贯穿系统的始终，并且通过活动来达成系统的目的。

② 各要素相互关系

我们利用管理和改善思想对 7SEA 的关系进行说明：

a. 人是系统中的第一要素，高素质的员工是管理和改善活动的主体，因此素养是 7SEA 的首位和根本。

b. 清理和整顿活动是对现有状况的改进和革新，是在原有基础上的提高，是一种改善活动。

c. 清扫和清洁是一种维持活动，是对改善成果进行保持的管理活动。

d. 安全、节约和环保是管理和改善活动的目的和成果。

e. 活动是一种载体，它是高素质的员工通过清理、整顿、清扫、清洁等活动方式，对生产要素进行管理，最终达到产量、质量、安全、成本、环保等与其效果。

③ 7SEA 管理法的主要观点和内容

a. 高素质的员工是现场管理的主体和决定性因素。在生产现场的各构成要素中，人是第一位的，是现场管理的主人。离开人的因素，现场管理将成为无源之水。所以要求在现场管理中，要通过各种激励手段，调动员工的工作积极性，从而主动发挥出个人的潜能，尤其要注意的是，把现场管理从过去单纯的自上而下的强制性管理，转化成员工自觉的“自我管理”，从而把现场管理水平提升到了一个新的高度。

b. 清理和整顿是破旧立新的主要手段。目前，在生产现场的一切工作都不是最好的，还有改善的余地，需要从小事做起，从本岗位做起，以员工不断进行的具体的改进作为量的积累，获得现场整体化和规范化的质的提高。系统只有不断地进行自我提升，才能保持旺盛的生命力，才能向更高的层次迈进。

我们一定要在现场管理上下工夫，将其变得日常化、随时化。清理和整顿是一项连续性很强的活动，把它们割裂地来进行，常常难以达到良好的效果。

c. 清扫和清洁是对清理整顿成果的保证。经过清理和整顿后，生产现场从无序走向有序，但只有不断地保持下去，对现场管理才真正有意义。清扫就是一种保持手段，通过清扫活动，可以使现场环境更加整洁，设备工装得到及时维护保养，确保生产工作的顺利进行。

清扫、清洁不会耽误正常工作，可以利用部分业余时间进行班前和班后的清扫工作；同时，也可以开展“即时清扫法”——在某项工作完成后，利用3分钟立即清除周围的杂物，还可避免污染的扩散。对设备工装进行日常维护保养工作，可以确保设备以良好状态来进行生产活动，使设备的“零故障”成为可能。

d. 安全。生产现场是企业安全事故的多发区，是安全生产的重点，安全生产是生产现场管理的重中之重。安全事故主要是由于人的不安全行为和物的不安全状态而造成的，如果能有效地预防和解决这些安全隐患，就可以使安全事故的发生降到最低。

要想使整个系统保持稳定的状态，不发生安全事故，首先要

使生产现场的各要素处于稳定的状态，努力消除不安全的因素，这是安全工作的一个重要前提。杜绝已存在的安全隐患，寻找未发生的安全隐患，要真正实现“预防为主”的安全管理工作。

当然，仅仅依靠现场系统还无法确保安全生产工作，还需要公司其他部门的支持与配合，齐抓共管，才能使安全生产工作真正落到实处。

e. “零浪费”的成本管理思想指导节约工作。在工业生产中，凡是不能直接创造出价值的一切活动，均被视为浪费。“零浪费”的思想，就是把不能直接创造出价值的活动减少到最低限度，从而最大限度地提高效率的一种管理思想。如降低工时、提高材料利用率等，在实际工作中，让工人们从一滴水、一滴油和一个焊条头抓起，积少成多，使工作落到实处。

f. 现场管理无小事。现场中的各生产要素哪怕出现微小的异动，都可能隐藏着危机，有可能会对系统的稳定带来不良影响，需要及时给予关注和采取对策。现场管理无小事，如果不对小事加以重视和预防，小事就会发展成大事，就会给工作带来损失。在旧有的现场管理模式中，由于对现场的综合管理差，经常在某些方面出现漏洞，忙于事后补救，属救火式管理，导致无暇顾及潜在的问题和隐患。这种状态需要改变，可以从小事抓起，通过这些小事的改变进行量的积累，逐步达到现场管理水平的质的提高。而且，不能仅仅以小事的解决为满足，而要对所发生和解决的众多的小事进行分析，从中寻找出规律性，以预防小事的发生。

g. 清洁生产和绿色工序。所谓清洁生产是指将综合预防的环境政策持续用于生产过程和产品中，以减少对人类和环境的风险，也就是说，我们在生产现场推行清洁生产，创建绿色工序，让企业发展与国家发展和社会发展共存。

h. 不断地持续改善是提高现场管理水平的动力。一次改善的完成并不是整个改善的结束，而是下一次改善的开始，改善活动是一个循环往复、螺旋上升的过程，旧的问题解决了，新的问题又会出现，又需要开始新一轮的改善活动，以至无穷，永无止境。这一思想将指引着企业不断地跃升到新的高度。

第七章

企业安全“零事故”

- 关于“零事故运动”
- “零事故运动”的几个问题
- “零事故运动”的开展
- 时间与方法的掌握
- 示范企业标杆

“零事故运动”是世界许多先进企业采用的安全管理模式。它的核心是“以人为本”、目标是“零”、方法是“先知先制”、形式是“全员参与”。

一、关于“零事故运动”

1. “零事故运动”的背景

安全生产“零事故运动”是日本从20世纪70年代开始推行的一项活动，旨在通过一系列员工或班组活动，构建企业富有预见性、参与性的预防型安全生产文化，最终实现企业安全、质量、生产的一体化。此项活动取得了很好的效果，被称为安全生产成功的支柱之一。

2. “零事故运动”的概念

“零事故运动”是以“以人为本”的理念为基准，全员一起参加，消除管理缺陷及由此引发的人的不安全行为、物的不安全状态，杜绝一切工伤事故，保证自身的安全和健康的运动。

3. 全员主动参与是“零事故运动”的基础

“运动”一词在哲学上是指不断地发展、变化，是物质的存在形式和固有属性。我们讲“零事故运动”就是研究物、人、环境、管理存在的形式和固有属性，把握规律，杜绝事故。管理与全员主动参与的KY活动是“零事故运动”的两个车轮，两者相辅相成，缺一不可。

4. “零事故运动”的保证——培养具有预知能力的人

人的安全行为和物的安全状态都是企业本质安全的基础。但是物的安全状态不会自动生成，背后仍然要靠管理者和操作者的努力。人是安全的决定因素，最终决定本质安全的是人不是物。

安全生产，关键在人。不论生产形势怎么变化，安全设施怎么发展，都改变不了人在安全中的地位和作用。操作者只有通过良好的安全教育、训练，才能具备良好的安全生理、心理、知识、技能与应急应变反应能力的综合素质。企业所有的员工都具备危险预知的能力，安全无事故的目标才能得以实现。

5. "零事故运动"体系

体系是指若干有关事物或某些意识相互联系而构成的一个整体。"零事故运动"体系也可以说是由若干有关安全的事物或意识相互联系而构成的一个整体，包括企业体制、方针目标、职场文化、制度和具有危险预知能力的人等。"零事故运动"体系的核心是"以人为本"、目标是"零"、方法是"先知先制"、形式是"全员参加"，这些具体的思想都融入企业的体制、文化、方针等当中，体现在每个员工的具体行动中，这是企业核心竞争力的主要构成部分。"零事故运动"体系的最高层次是培养具有危险预知能力的人，也就是我们平时所说的将"要我安全"变为"我要安全"，进而进一步提升到"我会安全"的境界。

二、"零事故运动"的几个问题

1. "零事故运动"的含义

（1）所有劳动者都是"一个个不可替代的人"。作为独一无二的人，以有限的生命生存，或者被赋予有限的生命。

（2）怀疑生产事故"能不能为零"、说什么"不可能为零"等都没有任何意义。设身处地地为那些不幸遭遇事故的人想想。

（3）想想受伤人的痛苦、逝去人的遗憾，"不可以有生产事故"、"无论如何都要是零"，从这一决心出发的运动，就是零事故运动。

（4）制定年度伤亡人数目标（如比上年减半）就是事先预见会死伤一些人，这个前提本身，怎么想都很奇怪。谁都不会自己想受伤、想死。

（5）零事故运动提出运动理念三原则：①生产事故应该为零；②因此必须安全和健康第一；③必须是全员参与才能实现。

全员参与

“零事故运动”

“零事故运动”宣传标

该图标是2个人托着“0”。

象征着劳资关系协调

以及零事故集体活动中的团队精神。

2. 理念的重要性

“零事故运动”中开展的“危险预知训练”（KYT）和“手指口唱”，都是在生产现场实现（实践、实行）上述人本主义理念（零、预知、参与）的具体方法（经验）。

缺乏理念而由上面强行推行的“KY 活动”、“手指口唱”即便算是管理手段，也不能成为“零事故运动”的手段。并非出自内心的、表面化的活动当然会变得程式化，没有灵魂的、只是形式上的手段不可能对一线安全发挥作用。理念、手段和实践三位一体地进行整体推进，才是“零事故运动”。“无事故”是表示结果的概念，不是作为理念的“零事故”。

3. 以“人是会出错的”为前提

“零事故运动”并不是责备“出现失误的人”、“引起事故的人”是“恶人”或排斥他们，而是因为“没有不出错的人”“没有不会产生错觉的人、也没有不会出现疏忽的人”，所以要大家一起行动。我们一直在呼吁，“大家都是会出错的人，所以大家一起开展 KYT！一起执行手指口唱!”。如果自己都不关心自己的安全而只要求他人，安全活动就不会落实，也不会取得成果。

4. 安全是为了自己、为了大家

保证安全和健康，原本就是为了我们自己，为了我们的家人。公司和企业具有保证自己员工安全和健康的责任，必须采取硬件方面和软件方面的措施，但“每一个人”并不是为履行公司责任而“发自内心地执行手指口唱”。是为自己、为同伴，不是为上司或负责人。

认认真真的短时间 KY 活动、手指口唱等，只是从结果上看，能够帮助公司实现安全责任而已。

将“零事故运动”手段只作为单纯的管理手段时，对建立工作环境，以及防止人为失误事故不会产生作用，只会停滞和程序化。没有理念的“强制”手段不会有灵魂。即使在形式上很高明，也几乎没有意义。

三、“零事故运动”的开展

1. 危险预知训练（KYT）

（1）KYT 的概念

KYT 是取日文罗马字危险（Kiken）的 K、预测（Yochi）的 Y 和训练（Training）的 T，三个词的缩写字头组成 KYT，即危险预知训练。它是针对生产的特点和作业工艺的全过程，为了提高对危险的感知性，在异常处置上（如无作业要领书的情况下），以人的不安全行为和物的不安全状态为对象，以作业班组为基本组织形式，在作业前开展的一项安全教育和训练活动。它是一种群众性的“自我管理”活动，目的是控制作业过程中的危险，预测和预防可能发生的事故。

（2）KYT 适用的场合

KYT 适用的场合有四种：通用的作业类型和岗位（相对固定的生产岗位作业）、正常的维护检修作业、班组间的组合（交叉）作业、抢修抢险作业。

（3）KYT 的实施方法

现场作业前，特别是非通常作业前，根据“一点式 KYT”，找出危险要素，有针对性地采取对策，才能使安全变得切实有效。KYT 的实施方法简称 4R（4 Round）法。由主持人（班组长）根据作业内容，组织现场人员（3 ~ 7 人）开展 KYT 活动。由于 KYT 活动是一项自主管理活动，要特别注意 3 点：①提高讨论的参加度；②缩短时间（3 ~ 5 分钟）；③彻底进行作业循环。

2. 一个重点 KY

“一个重点 KY”是将第二阶段的“主要危险”和第四阶段的“重点实施项目”、“小组行动目标”、“手指口唱项目”分别压缩到一点（一个重点）的方法。现在，日常开展的 KYT 基本上都使用此方法。

该方法是在 1980 年由日本三菱重工业株式会社广岛造船厂的管理人员提出的。“即使是确定两、三个（实施项目），但如果不做就没有任何意义。在现场只选择一个重点即可。”这一做法明确了现场的实践行动。同时，由于只需总结归纳成一个重点，现场操作时间也缩短到 3 ~ 5 分钟，更便于在现场实施。如果没有这个灵感，就不会有现在形式多样的短时间 KYT 方法的普及以及由此产生的效果。这也是现场智慧的产物。

那么，这种“选择”是否就意味着只重视在现场实施的项目而单纯地“舍去”其他呢？——当然不是。

KYT 第一阶段的目的是寻求对危险的共同认识。对其他人没有注意到的危险，通过成员之间的交流，大家有了共同的认识，相互之间有了新的“意识”，这样就可提高每个人对危险的感知度，并通过行动避免危险。

在第二阶段的选择中，不仅是对完全没有注意到的危险，对不太确定的危险，通过大家一致认可，明确“这是主要危险！”。对此，大家用齐唱“好！”来加深印象。这与单纯地“舍去”意思完全不同。

“选择”只是为了在作业现场每天进行短时间的实施。选择是工作现场日常自主活动不可缺少的内容，但也并不是意味着只进行选择就可确保现场安全。当然，作为监督管理人员或安全员应当有计划地全面了解危险因素、改善设施和设备、改善作业程序或作业标准、开展员工教育等，采取各种对策措施。目前，人们广泛关注的职业安全健康管理体系一大支柱的风险评价就属此范畴。如果将职业安全健康领域中作为企业管理活动的风险评价，与以短时间 KYT 为代表的作为实践行动的日常自主性活动有机结合，效果就会明显得到提升，实现事半功倍。

3. 手指口唱

“手指口唱”是有效的安全预防方法，在现场作业中，由每一个人独立开展的活动，是对选择的主要危险具体进行安全确认的 KY 活动。

（1）“手指口唱”的概念

“手指口唱”是一种提高精神状态的有效方法，目的是提高员工的警觉性及提高行动的准确性，避免因人为疏忽、错误或误会而引起的意外。“手指口唱”是推行“零事故运动”的重要活动。“手指口唱”可以是危险预知方法的组成部分，也可以单独来使用，“手指”是指用手指指示，“唱”是高声的呼唤即口诵确认，心手并用，以达到减少人为失误导致意外的效果。“手指口唱”首先在铁路行业实施，后来它被广泛用于不同范围的行业，包括建筑业、冶金业、机电制造业等。“手指口唱”使用的动作要领如下：①眼：观察要注意的地方；②臂及手指：伸展手臂，用手指指向要确认的目标；③口：以洪亮的声音清楚地呼唤“……OK！”④耳朵：聆听确认自己的呼唤。推行“手指口唱”时，必须充分调动及利用眼、耳、口、臂、手指等，以加强行动的影响力。

（2）“手指口唱”的作用

“手指口唱”使事故发生率大大降低，效果检测试验的结果为：什么也不做事故概率为2.38%，只是“说”事故概率为1%，只是“指”事故概率为0.75%，“手指口唱”事故概率为0.38%。“手指口唱”是在企业不投入或投入极少资金的情况下，大幅度地减少事故的一条途径。

（3）“手指口唱”活动适用的场合

① 位置（与对象物的距离是否适当，周围有无危险）；②姿势（头、胸、脚、腰等位置是否适当）；③服装（工作帽、工作服、纽扣、袖口等有无问题）；④劳保用品（安全帽、安全帽上的系带、安全带等是否佩戴好）；⑤工具（扳子、锤子等是否符合规定，有无破损等）；⑥劳保用品（安全帽、防护眼镜等是否合适）；⑦仪器仪表（温度表、压力表等指示仪器和警报装置的状态）；⑧设备安全防护装置（机械设备设施上完全固定、半固定密封罩；机械或电气的屏障；机械或电气的联锁装置等）；⑨机器操作步骤（手柄是右转还是左转等）；⑩安全标识（危险品、有害物品、禁止入内、停止线等）；⑪同事（对方的位置、姿势、服装、信号等）。

（4）“手指口唱”的三种实践形式

“手指口唱”有三种实践形式：指认呼唤、指认唱和、Touch

and call。

“手指口唱”的三种实践形式

名称	含义	实践形式与作用
指认呼唤	边指边说/指说	确保作业者在作业要点安全无误地推进作业而采取的措施。
指认唱和	指认唱和/指喊	全体组员用手指指着对象，跟着喊标语等进行确认，从而使步调一致，增强整体感，协作感。
Touch and call	边指边叫/指叫	通过手与身体的接触及指差唱和，进一步增强整体感。可在会议的开始和结束时进行。

4. Hiyari&Hatto（惊吓活动）

（1）Hiyari&Hatto 的概念

“Hiyari&Hatto”在日语中是指“冒冷汗”，也称为受惊吓、虚惊，是由于人的不安全行为、物的不安全状态引发的事件，虽然后果不堪设想，但未造成人身伤害（或人身伤害较轻）。

“Hiyari&Hatto”的体验主要有三类：身体上的、精神上的、预想的。

身体上的 Hiyari&Hatto 主要是指跌倒、胳膊撞伤、踝关节轻度扭伤类的轻伤。

精神上 Hiyari&Hatto 主要是指东西从面前落下而受惊、手伸向转动中的滚轴而差点儿被卷入等精神上的惊吓。

预想的 Hiyari&Hatto 是指靠在墙上的东西是否会倒，地上有油会不会使人滑倒等由预想而产生的惊吓。

我们大家即使没受过伤，也会有过不少受惊吓的体验。如果我们能从这种体验中吸取教训，就可以防止重大事故的发生。如果我们把这些珍贵的“Hiyari&Hatto”体验告诉大家，和大家共同分析原因、寻找对策，就可以打造一个安全的职场。

（2）“Hiyari&Hatto”报告流程

①“Hiyari&Hatto”提案卡如下图。

②“Hiyari&Hatto”的填写流程。

③ Hiyari&Hatto 改善对策。为了鼓励员工参与，对于提案的员工给予奖励，做得好的给予重奖，做得不好的也不罚款。

Hiyari&Hatto提案卡	单位	提案者	班长	系长	科长
事件时间	月　日　:　时左右	报告日	年　月　日	危险度区分（某一个画O）	
事件地点		生产线		A.可能造成重大伤害 B.可能造成伤害 C.伤害可能性较小	
从事活动	·日常作业　·换活　·异常处理　·搬运　·维修　·清扫 ·设备测试　·设备移动·行走中　·其他				
事件概述	内容：	简图：		我已经处理，方式是： 我将会处理，方式是： 我不能处理，建议处理方式： 我无能为力，理由是：	
原因	1.人的不安全行为 2.物的不安全状态 3.管理缺陷			部门确定对策（硬件、软件） ［物(设备、材料、工具)、人、管理］	
体验类型	精神　身体　预想				
结果	a.飞落　b.滑倒　c.夹住　d.卷入 e.切　f.撞　g.烧伤　h.腰疼 i.触电　j.中毒　k.其他（　　）			改善 | 本车间 | 其他车间 | 计划(/)	
起因	1.没有仔细看（听）　2.没注意　3.忘了　4.不知道 5.想简单了　6.以为没事　7.慌张(着急)　8.厌烦、烦躁 9.疲倦　10.不经意的动作　11.难做的事　12.身体重心不稳 13.其他（　　）			责任人 | 完成(/) 安全会议的开展：有(/)无 全公司展开:是/否 | 改善事例:有/否 确认者：　确认日：	

【报告程序】提案者→班长、系长、科长、部长→安全科负责人（确认并全公司展开）返回班长（保存一年）

我们可以看出，Hiyari&Hatto 提案填写并不复杂，Hiyari&Hatto 提案关键是改善对策及改善对策的落实。而制定改善对策，关键是把握事故或事件现状。把握现状的关键是通过 ABC 分类法找到关键的少数，即哪些事故或事件是我们需要关注的重点课题。

丰田汽车公司通过多年的总结，提出 STOP6 活动［Safety Toyoto O（Zero Accident）Project 6］，即丰田重点灾害防止 6 项目（A：夹伤、卷入伤害；B：重物接触；C：车辆接触；D 坠落；E：触电；F：高热物）。这其中对重点事故和事件的改善对策及对策前后的风险评价，对制定 Hiyari&Hatto 提案的改善对策及对策前后的评价有很好的借鉴和参考作用。

世界著名心理学家威廉·詹姆士说过：“播下一个行动，收获一种习惯；播下一种习惯，收获一种性格；播下一种性格，收获一种命运。”

“零事故运动”带给我们的是一种全新的安全管理理念，将它与隐患排查机制有机结合在一起，必将会改变我们的习惯，改变我们的性格，改变我们的命运，让一切事故湮灭于无形。

四、时间与方法的掌握

在开展“零事故活动”培训时，需要清楚掌握运用 KYT 基础四阶段法、手指口唱、手指齐呼、接触齐呼的方法和时间。

1. 开展“零事故活动”的时间

首先，企业可以选择在每月的例会、每周的例会、每天的碰头会或实施非常规作业、进行事故处理和发生紧急情况时召开的会议等场合开展，或在进行实际作业指示时开展。

其次，每月的例会上可进行 30 分钟、最多 1 小时的 KY 活动。会上要制定作业标准和本月的行动目标等，一般情况下是在此时开展基础四阶段法和事故案例 KYT。

再次，每周的例会或每天的碰头会属于在现场召开的短会，大多是布置这一周或当天的工作内容和注意事项，在这样的会上通常开展一些不需很长时间的 KY 活动，如针对作业内容的一个重点 KY 等短时间 KY、工作现场的自问答卡一人 KY 等。

最后，为了合理地应对事故处理和紧急情况的发生，日常需要开展训练，掌握紧急作业（工作团队危险预知）训练和个别 KY 的运用方法。

总而言之，需要根据会议的实际情况选择合适的方法，并没有“必须这样”等硬性规定。

2. 开展“零事故活动”的方法

第一，需要理解基本理念，掌握基础四阶段法的基本做法。

第二，具体分解到各个现场的单位作业，由从事单位作业的职工和该职工所属的小组成员们具体实施基础四阶段法。这样做易于发现作业标准和作业程序中的问题。

第三，可以在每天的碰头会上实施一个重点 KY、在实际作业中实施自问自答卡一人 KY 等。

通过开展一段时间的危险预知活动（KYT），相信员工自己就可以决定手指口唱、手指齐呼、接触齐呼的实施场所和在什么情况下实施。

3. “零事故活动”的效果

“零事故活动”是从企业最高领导干部到一线工人全员参加、通过彻底的监督管理在日常生产活动中开展的实践活动。通过开展这一实践活动，企业全员自行确定预知危险和规避危险的确认项目并付诸实践，切实避免事故的发生。

根据近年来的调查报告显示，在开展“零事故活动”的企业中，实施 5 年后的生产事故会减少 1/3。如果继续发扬活动成果，可使事故发生率（每 100 万小时工作时间的生产事故死伤人数）维持在 0.16 的水平。不仅如此，还可使企业的各类安全生产条件确实得到改善，实现“积极改善并建立新的企业风气，

成为上下通达的企业”、“整个企业都充满了活力”、“班组长带头，职工之间可以自由地交换意见”、“员工的整体安全意识得到提高”。

五、示范企业标杆

1. “班组安全预控六法”

镇洋化工氯厂，现有员工39人，平均年龄29岁，下设2个岗位8个轮班，承担着将高温氯气、氢气进行洗涤冷却、除水、压缩等处理，并安全输送给各厂和其他客户的职能。该厂班组在工作实践中总结出的“镇洋班组安全预控六法”，在增强作业人员安全意识、减少事故发生等方面发挥了积极作用，实现了安全生产“零事故”。其主要做法：

（1）危险预知训练法

一是健康情绪询问。为防止员工因健康、情绪不佳、思想不集中而造成作业事故，轮班班长在操作室定点开展班前会，通过观察、询问掌握每位部下的身体状态和精神状况，合理布置工作，同时交代安全注意事项。

二是触手齐呼。“触手齐呼”是小组全体成员在交接班会结束后，围成圈，都伸出左手重叠在一起，右手指着左手，以班长发出的“安全零事故好!”的“好!”为口令，大家一起齐呼“好!”。“触手齐呼”可以加深小组成员之间的感情，提高小组成员的整体感和连带感，对小组成员之间相互配合有很大的促进作用。同时其目的还在于向大脑旧皮质输送好的印象，使小组成员无意识地采取安全行动，避免不留神、精神恍惚等状态的发生。

三是危险预知训练报告。针对某一个日常操作或新发生的一个问题等进行预先讨论，按照零事故危险预知训练报告的四阶段顺序对某一个日常具体操作进行分析，提炼出手指口唱项目二句话，供实际操作中使用。

四是手指口唱。把危险预知训练报告四阶段分析提炼出“手指口唱”项目二句话，作为员工日常操作要点去执行，并制作标牌贴在操作点醒目位置，提示员工在操作过程实施“手指口唱”，提高员工注意力，做到操作的眼到、手到、口到、心到。

（2）一岗多能培训法

在员工中开展了上下工序交叉学习活动，通过员工相互“传、帮、带”，实现了一岗多能，员工的安全意识和操作技能得到进一步提高，作业行为进一步规范，现场的作业状态有了明显改观，上下工序作业协调，隐患发现和处置更加到位。

（3）安全巡检法

各岗位根据巡检路线制定班员、班长岗位巡检表，生产管理员巡检表，岗位安全周检表等，对主流程上的重要设备写明各控制点、控制内容和良好标准，员工根据巡检内容表按巡检路线执行每小时定时、定点挂牌巡检，使员工的巡检质量得到提高，生产、装置隐患及时发现，并起到防范作用。

（4）信息共享法

建立国家安全生产法律、法规、公司各级文件通知、危险预知训练报告、岗位检修方案、班组安全学习资料、氯厂日常管理规定、岗位操作法、岗位技能试题库等二十多个学习台账。使员工及时了解企业生产、经营、管理动态，共享公司、部门和工厂各级生产、安全、操作、管理信息，及时掌握岗位危险信息、预防方法和生产情况，增强员工法律意识、全局观念和解决问题的能力，培养学习型团队，提高员工个人综合素质和班组团队战斗力。

（5）应急演练法

注重员工的应急技能日常培养，从新员工的三级教育开始，就进行严格的消防、气防等应急器材的使用培训，把空气呼吸器的佩戴列入轮班每月一次班组安全活动的必修课，使员工对空气

呼吸器的佩戴变成常态训练，应急处置能力得到明显提高。以氯厂员工为主要成员的公司应急抢险小组，被列为宁波化工区、镇海区针对氯气泄漏抢险的应急专业救援组，多次参与周边用氯单位的泄漏处理。

（6）现场管理法

为不断改善作业环境和安全秩序，制定了氯厂《岗位现场管理规定》，将设备装置卫生分到班、承包到人，通过持续推进岗位的现场管理、设备维护，及时发现装置缺陷，促进设备管理，实现“人造环境，环境育人”的管理境界，保障系统高负荷安全运行。

2. 开展“零事故运动”，确保安全生产

事故为零是不懈追求的目标。山东肥城矿业集团公司白庄煤矿采煤一区也开展了“零事故运动”并取得了成效。具体做法是：

（1）倡树“零事故”的安全理念，强化员工安全意识。企业将“零事故”定为安全目标，虽然在实际工作中很难达到，但是只要牢固树立“安全零事故”的行为理念，想方设法提高安全装备水平、提高员工素质、加强各级工作人员的责任心，每一次努力，都会向“安全零事故”的目标迈进一步。“零事故”的目标就会早日实现。

（2）推行班前安全礼仪活动，把“零事故”的安全理念变成铮铮誓言。班前会上，由工区干部带领大家进行安全宣誓。我们的誓言是：“从我做起，今天零事故！”通过每天的呼喊，强化员工“事故为零”的安全意识。员工是企业的细胞，也是企业抓安全的主体。我们所提的“从我做起”就是充分调动起广大员工做好自主保安的积极性。如果每一个员工都能牢记“从我做起，今天零事故”的安全誓言，正规操作，按章作业，自主保安，安全上不出现任何问题，那么“零事故”的安全目标就会实现。

（3）开展“危险预知”活动，排查安全隐患，确保零事故目标的实现。危险预知活动，就是通过班前会和现场的安全检查，对作业场所和作业的工序进行的险情分析和预知活动。对作业场所和作业的工序进行“危险预知”活动，进行具体的隐患排查，可以有效地防止事故的发生。做法主要体现在三个方面：

① 班前危险预知活动。在班前会上，利用20分钟的时间，让员工自己去讲，在作业的过程中，是否曾遇到吓一跳或者受到伤害的情况，或者有没有吓一跳或受到伤害的经历。并讲出是由什么原因造成的，让大家一起接受事故的教训。这种让员工吓一跳或者受到伤害的实例往往就是作业现场存在的最大隐患。另外还让员工自己说出在进行每一道作业工序的时候，最害怕干的是哪一道作业工序，为什么害怕，有什么办法来克服等。让大家一起在班前出主意，制定对策。有时候工区干部在班前进行提问，掌握职工正规操作的情况，看是不是在操作的过程中，出现了危险动作，20分钟的时间，基本上了解了作业现场的安全隐患，并积极地制定出一些预防措施，及时向员工进行交代。

② 作业现场的危险预知，每班职工分成若干对，进行互保联保作业。每对职工在作业之前都要对现场的作业环境进行危险预知活动。首先查找作业场所存在的安全隐患和存在的问题，检查完毕后，相互交代清楚，是隐患的及时排除，不能排除的告诉工区跟班干部或者现场的安全监察员，进行安全监督。

③ 矿巡回检查人员、工区干部、工长对现场存在的安全隐患进行危险预知，查出问题后，及时反馈给现场的作业人员，以引起安全上的重视。危险预知活动，有效地减少了安全事故的发生。

3. 抓好自主保安是实现“零事故”的关键

自主保安意识的强弱，与安全生产有极大的关系。每一个员工，都是安全生产的个体，同时也是安全生产的主体，如果每一个员工都能实现安全生产，那么零事故目标的实现就在我们的

身边。

抓好自主保安，关键靠教育。一是班前安全教育，每天，专门有20分钟的班前安全教育。利用20分钟的时间，讲现场的安全隐患，讲解三大规程，让职工对国家的法律法规、保安规程有一个清楚的认识。二是班中安全教育，在职工现场作业的过程中，及时进行巡回检查，发现有危险动作及违章行为的时候，及时进行安全教育，讲清楚违章作业的危害性以及有可能造成的后果，从而使员工及时受到教育。三是班后反省。升井后，利用15~30分钟的时间，要求职工对一个班的工作进行认真的反省，看自己是不是有危险动作，是不是有不利于安全生产的行为，及时进行汇报总结。工区干部及时对员工在作业现场的表现进行批评或表扬，使员工切实接受教训，受到教育。

其次，严格检查与落实，抓不落实的人与不落实的事。制度再好，不落实只能是一纸空文，抓工作抓得再紧，不落实也等于不抓。凡是发现员工在作业过程中有违章行为，不仅严厉地进行制止、耐心地批评教育，还要进行严格考核，让违章作业的员工从经济上受到损失，从而接受教训。通过严格的规范与约束，辅之与耐心细致的安全教育，员工的自主保安意识得到明显的加强，对正规操作、按章作业有了新的认识，从而有力地促进了安全生产。

开展“零事故运动”，符合我们的国情，顺应我们国家安全第一的生产方针。但同时，实现安全上的零事故，不是一朝一夕的事情，不是简单地喊几句口号就能实现的，要靠我们扎实的工作，从一点一滴做起，从一件件小事做起，努力地去推动这项伟大的事业。

我国的生产技术相对于西方资本主义国家还明显滞后，人员密集型的企业占绝大多数，抓安全的工作任重道远，尤其是一次次大型的安全事故更是令人痛心，开展“零事故运动”，最大限度地降低事故率是我们永远的追求！“零事故”的目标虽然遥远，但我们每一次的努力都会向“零事故”的目标迈进一步！

在工作中，好习惯将使我们的工作更安全，坏习惯只能害人害己。杜绝习惯性违章是一个长期的工作，是一项繁琐的工作，是一项以人为本的工作，不能把安全工作看做走过场的事情，而要实实在在地去做，它影响着全局乃至整个社会的稳定。只要大家从自身做起，养成按章办事的良好习惯，相信事故与我们无缘，企业安全的天空才会晴朗一片。